# 中国林业植物授权新品种
## (2014)

国家林业局科技发展中心
(国家林业局植物新品种保护办公室)　编

中国林业出版社

**图书在版编目（CIP）数据**

中国林业植物授权新品种 . 2014 / 国家林业局科技发展中心（国家林业局植物新品种保护办公室）编 . —北京： 中国林业出版社，2015.4

ISBN 978−7−5038−7950−0

Ⅰ . ①中… Ⅱ . ①国… Ⅲ . ①森林植物—品种—汇编—中国— 2014

Ⅳ . ① S718.3

中国版本图书馆 CIP 数据核字 (2015) 第 064911 号

**责任编辑：何增明 张华**

**出版：** 中国林业出版社
**网址：** http：//lycb.forestry.gov.cn 电话：（010）83143517
**社址：** 北京西城区德内大街刘海胡同 7 号 邮编：100009
**发行：** 中国林业出版社
**印刷：** 北京卡乐富印刷有限公司
**开本：** 787mm×1092mm 1/16
**版次：** 2015 年 4 月第 1 版
**印次：** 2015 年 4 月第 1 次
**印张：** 11.75
**字数：** 316 千字
**印数：** 1 ～ 1500 册
**定价：** 99.00 元

# 前　言

我国于 1997 年 10 月 1 日开始实施《中华人民共和国植物新品种保护条例》（以下称《条例》），1999 年 4 月 23 日加入国际植物新品种保护联盟。根据《条例》的规定，农业部、国家林业局按照职责分工共同负责植物新品种权申请的受理和审查，并对符合《条例》规定的植物新品种授予植物新品种权。国家林业局负责林木、竹、木质藤本、木本观赏植物（包括木本花卉）、果树（干果部分）及木本油料、饮料、调料、木本药材等植物新品种权申请的受理、审查和授权工作。

国家林业局对植物新品种保护工作十分重视，早在 1997 年成立了植物新品种保护领导小组及植物新品种保护办公室；2001 年批准成立了植物新品种测试中心及 5 个分中心、2 个分子测定实验室；2002 年成立了植物新品种复审委员会；2005 年以来，陆续建成了月季、一品红、牡丹、杏、竹子 5 个专业测试站，基本形成了植物新品种保护机构体系框架。我国加入 WTO 以后，对林业植物新品种保护提出了更高的要求。为了适应新的形势需要，我们采取有效措施，加强林业植物新品种宣传，不断增强林业植物新品种保护意识，并制定有效的激励措施和扶持政策，有力推动了林业植物新品种权总量的快速增长。截至 2014 年年底，共受理国内外林业植物新品种申请 1515 件，其中国内申请 1273 件，占总申请量的 84%；国外申请 242 件，占 16%。共授予植物新品种权 827 件，其中国内申请授权数量 675 件，占 81.6%；国外申请授权数量 152 件，占 18.4%。授权的植物种类中，观赏植物 548 件，占 66.3%；林木 180 件，占 21.8%；果树 62 件，占 7.5%；木质藤本 2 件，占 0.2%；竹子 3 件，占 0.3%；其他占 32 件，占 3.9%。其中 2014 年共受理国内外林业植物新品种申请 254 件，授权 169 件。这充分表明，林业植物新品种权的申请和授权数量在大幅增加，林业植物新品种保护事业已经进入快速发展时期。

植物新品种保护制度的实施大幅提升了社会对植物品种权的保护意识，同时带来了林业植物新品种的大量涌现，这些新品种已在我国林业生产建设中发挥重要作用。为了方便生产单位和广大林农获取信息，更好地为发展生态林业、民生林业和建设美丽中国服务，在以往工作的基础上，我们将 2014 年授权的 169 个林业植物新品种汇编成书。希望该书的出版，能在生产单位、林农和品种权人之间架起沟通的桥梁，使生产者能够获得所需的新品种，在推广和应用中取得更大的经济效益，同时，品种权人的合法权益能够得到有效的保护，获得相应的经济回报，使林业植物新品种在发展现代林业、建设生态文明、推动科学发展中发挥更大作用。

在本书的编写整理过程中，承蒙品种权人、培育人鼎力协助，提供授权品种的相关资料及图片，使本书编写工作顺利完成，特此致谢。编写过程中虽然力求资料完整准确，但匆忙中难免有疏漏之处，请大家不吝指正。

编委会

2015 年 4 月

# 目　录

# 红五月

（蔷薇属）

联系人：李光松
联系方式：010-68003963　国家：中国

**申请日**：2012年2月10日
**申请号**：20120018
**品种权号**：20140001
**授权日**：2014年6月27日
**授权公告号**：国家林业局公告
（2014年第10号）
**授权公告日**：2014年7月15日
**品种权人**：北京市园林科学研究所
**培育人**：巢阳、勇伟

**品种特征特性**：'红五月'是由母本'假日美景'（Carefree Beauty）、父本'贝宁'（Greet to Bavaria）杂交选育获得。灌丛类月季，株型半直立，自然株高可达1.5m，枝条略细，嫩枝红色。叶色中绿，叶质为半革质，略有光泽。刺中等大小，斜直刺，刺量中等。花为红色，自根苗花径8～10cm，花瓣数30～35枚，盘状花型，花瓣圆形，单枝着花量1～3朵。在北京市地区露地栽培条件下，自然花期为5月中旬至11月中旬，为连续花期，夏季花径略小，花瓣数减少，花量减少，但花朵覆盖率大于或等于北京市栽培的其他月季品种，结实率低。'红五月'与近似品种比较的主要不同点如下表。

| 品种 | 株型 | 花瓣数 | 自然株高 |
|---|---|---|---|
| '红五月' | 直立 | 30～35枚 | 150～180cm |
| '曼海姆宫殿' | 半开张 | 20～25枚 | 50～80cm |

# 小鱼鳞云

（蔷薇属）

联系人：杨玉勇
联系方式：0871-7441128　国家：中国

**申请日**：2012年6月14日
**申请号**：20120092
**品种权号**：20140002
**授权日**：2014年6月27日
**授权公告号**：国家林业局公告
（2014年第10号）
**授权公告日**：2014年7月15日
**品种权人**：昆明杨月季园艺有限责任公司
**培育人**：张启翔、杨玉勇、蔡能、潘会堂、罗乐、赖显凤

**品种特征特性**：'小鱼鳞云'是由母本'波塞尼娜'（Porcelina）、父本'芭比'（Baby Romantica）杂交培育获得。扩张灌木型，株高50cm，；枝条中等粗度，硬挺；茎表皮刺小而少，斜直，黄绿色；叶片革质绿色，小，叶脉清晰，锯齿明显，小叶5枚，顶端小叶窄椭圆形，近花莛处3枚小叶完整；花朵初开呈包心形，全开后呈覆瓦形；花径4～5cm，花瓣数95～105枚；花粉色，RHS 68A，边缘颜色深，基部浅；花萼边缘延伸弱；无香味；侧花枝5～9枝，1～3朵/枝，多为1朵/枝，单朵花花期10～14天。'小鱼鳞云'与近似品种比较的主要不同点如下表。

| 品种 | 花色 | 花瓣顶端形状 | 皮刺颜色 |
|---|---|---|---|
| '小鱼鳞云' | 浅粉色，RHS 68A | 具尖 | 黄绿色 |
| '皇族'（Royal Class） | 浅粉色，RHS 68C | 圆形 | 红色 |

# 乡恋

（蔷薇属）

联系人：倪功

联系方式：0871-5708658　国家：中国

申请日：2009年12月26日

申请号：20090067

品种权号：20140003

授权日：2014年6月27日

授权公告号：国家林业局公告
（2014年第10号）

授权公告日：2014年7月15日

品种权人：昆明锦苑花卉产业股份有限公司

培育人：孙立忠、曹荣根、李飞鹏、倪功

**品种特征特性：**'乡恋'是对'Papillon'的变异枝进行扦插繁殖获得。'乡恋'为常绿灌木，植株高度为中，枝干直立性强，基枝萌发率强，侧枝生长中；具皮刺，密度中等；小叶数3～7，叶色浅绿色至墨绿色，有光泽，顶端小叶基部圆形；花茎长为70～90cm，花蕾为卵形，花色为黄色，花型为高芯翘角状，花苞直径为3～4cm，完全开放后花朵直径可达12～15cm，花朵高度约6.5cm，花重瓣为阔瓣，花瓣数量为30～40片，属于大花型品种；花朵形状俯视为星形，花瓣边缘折卷中，起伏中；花有微香。'乡恋'同母株比较的不同点如下表。

| 品种 | 颜色 |
|---|---|
| 母株'Papillon' | 橘黄色 |
| '乡恋' | 黄色 |

# 勒斯布鲁斯 (Lextebros)

（蔷薇属）

联系人：亚历山大·约瑟夫·沃恩
联系方式：+31 (0)297 361 422　国家：荷兰

申请日：2010年12月3日
申请号：20100085
品种权号：20140004
授权日：2014年6月27日
授权公告号：国家林业局公告
（2014年第10号）
授权公告日：2014年7月15日
品种权人：莱克斯月季公司
（Lex+ B.V.）
培育人：亚历山大·约瑟夫·沃
恩（Alexander Jozef Voorn）

**品种特征特性：**'勒斯布鲁斯'（Lextebros）是从亲本'勒克桑尼'（Lexani）芽变培育获得。'勒斯布鲁斯'为窄灌木，株高、冠幅中等。幼枝（约20cm处）花青甙显色弱，呈红棕色，枝条有刺、数量少，短刺数量无或极少。叶卵圆形，首花时浅到中绿色，光泽度中，小叶叶缘锯齿中。花单生、重瓣，俯视呈星形，侧观上部成平形、下部平凹形，香味弱。花双色，花瓣中部为淡白色、边缘为粉红色、基部有斑点；花瓣边缘反卷强、波状弱。'勒斯布鲁斯'与近似品种'勒克桑尼'比较的不同点如下表。

| 品种 | 花瓣中部颜色 | 花瓣边缘颜色 | 叶片形状 |
| --- | --- | --- | --- |
| '勒斯布鲁斯' | 白 | 粉红 | 卵圆形 |
| '勒克桑尼' | 绿白 | 绿白 | 椭圆形 |

# 闪亮一品红

（大戟属）

联系人：郁书君

联系方式：010-87734577　国家：中国

申请日：2011年8月18日

申请号：20110095

品种权号：20140005

授权日：2014年6月27日

授权公告号：国家林业局公告
（2014年第10号）

授权公告日：2014年7月15日

品种权人：东莞市农业种子研究所

培育人：黄子锋、王燕君、周厚高、王凤兰、赖永超、邓海涛

**品种特征特性：**'闪亮一品红'是以'威望'为母本、'金奖'为父本杂交选育获得。植株生长势强，株型直立，株高平均65cm，冠幅平均50cm。叶片浅绿色，阔椭圆形，叶长平均14.5cm，叶宽平均10.5cm，叶柄红色，平展。枝干粗壮，顶部绿色，节间长平均2.3cm，粗度平均8.3mm。苞叶色亮红，苞叶直径平均25cm，一个花头苞叶数量平均35，苞叶平整。苞叶椭圆形，长11cm，宽7cm。花色亮红，花径平均24cm。短日处理到开花约需65天，为晚花品种。'闪亮一品红'与近似品种比较的主要不同点如下表。

| 品种 | 叶形 | 叶色 | 苞片颜色 | 苞片形状 |
|---|---|---|---|---|
| '闪亮一品红' | 阔椭圆形 | 浅绿色 | 亮红色 | 椭圆形 |
| '威望' | 阔卵形 | 深绿色 | 暗红色 | 卵形 |
| '金奖' | 卵形 | 深绿色 | 暗红色 | 菱形 |

# 奥斯芭热 (Ausbrother)

（蔷薇属）

联系人：罗斯玛丽·威尔柯克斯
联系方式：+44-1902-376319　国家：英国

申请日：2011年5月11日
申请号：20110026
品种权号：20140006
授权日：2014年6月27日
授权公告号：国家林业局公告
（2014年第10号）
授权公告日：2014年7月15日
品种权人：大卫奥斯汀月季公司
（David Austin Roses Limited）
培育人：大卫·奥斯汀（David Austin）

**品种特征特性：**'奥斯芭热'（Ausbrother）是花坛月季品种杂交选育获得。宽灌木，植株较矮；嫩枝花青素着色深，茎有皮刺，短皮刺多；叶片大，叶色中至深，上表皮光泽无或极弱；小叶片横切面微凹，叶缘波状曲线无至弱；花梗毛或皮刺多，花苞纵切面圆形，花朵中至大，杏色调和色，重瓣花，花瓣极多，基部有斑点；初花时间晚，近于连续开花。'奥斯芭热'与近似品种比较的不同点如下表。

| 品种 | 花瓣颜色 | | | | 长皮刺 |
| --- | --- | --- | --- | --- | --- |
| | 外侧中部 | 外侧边缘 | 内侧 | 整体 | |
| '奥斯芭热'（Ausbrother） | 橙色 26D | 橙色 26D | 橙色 26D | 杏色调和色 | 无或极少 |
| 'Ausmum' | 橙黄色 16B | 橙色 26A | 橙色 26A 至橙红 30D 之间 | 橙色调和色 | 中至多 |

# 奥斯伦巴 (Ausrumba)

（蔷薇属）

联系人：罗斯玛丽·威尔柯克斯
联系方式：+44-1902-376319　国家：英国

**申请日**：2011年5月11日
**申请号**：20110027
**品种权号**：20140007
**授权日**：2014年6月27日
**授权公告号**：国家林业局公告（2014年第10号）
**授权公告日**：2014年7月15日
**品种权人**：大卫奥斯汀月季公司（David Austin Roses Limited）
**培育人**：大卫·奥斯汀（David Austin）

**品种特征特性**：'奥斯伦巴'（Ausrumba）是花坛月季品种杂交选育获得。宽灌木，植株中至高，宽度为极宽；茎有皮刺；叶片大至极大，叶色浅至中，上表皮光泽弱；小叶片横切面微凹，叶缘波状曲线无至弱；花苞纵切面圆形，花朵大，浅粉色，重瓣花，花瓣多至极多，花朵俯视形状为圆形；近于连续开花。'奥斯伦巴'与近似品种比较的不同点如下表。

| 品种 | 花瓣颜色 | | | | 花朵直径和形状 |
| --- | --- | --- | --- | --- | --- |
| | 外侧中部 | 外侧边缘 | 内侧中部 | 内侧边缘 | |
| '奥斯伦巴'（Ausrumba） | 白色155D,稍着粉色 | 白色155D,稍着粉色 | 近红色56D, 较浅 | 近红色56D, 较浅 | 大，俯视形状较圆 |
| '奥斯翰'（Ausham） | 紫红色65B | 近紫红色62B, 稍蓝 | 紫红色65C～65D | 紫红色65B, 外缘稍深 | 大至中,俯视形状较不圆整 |

# 奥斯迪考茹 (Ausdecorum)

（蔷薇属）

联系人：罗斯玛丽·威尔柯克斯
联系方式：+44-1902-376319  国家：英国

申请日：2011年11月6日
申请号：20110120
品种权号：20140008
授权日：2014年6月27日
授权公告号：国家林业局公告
（2014年第10号）
授权公告日：2014年7月15日
品种权人：大卫奥斯汀月季公司
（David Austin Roses Limited）
培育人：大卫·奥斯汀（David
Austin）

**品种特征特性：**'奥斯迪考茹'（Ausdecorum）是通过杂交选育获得。灌木，半直立，较矮；茎有皮刺，嫩枝有花青素着色；叶片大，叶色深浅中度，上表皮光泽无或极弱，小叶片叶缘波状弱至中；花苞纵切面的形状为阔卵形，花朵大，近紫红色，重瓣，花瓣数量少至中，花朵俯视形状为不规则圆形；蔷薇果纵切面为梨形。'奥斯迪考茹'与近似品种比较的主要不同点如下表。

| 品种 | 花瓣内侧颜色 | 花瓣数量 | 皮刺数量 |
|---|---|---|---|
| '奥斯迪考茹'（Ausdecorum） | 近紫红色（64A），明亮鲜艳 | 少至中 | 中 |
| '奥斯罗密欧'（Ausromeo） | 近灰紫色（187A），稍偏浅红 | 极多 | 极多 |

# 奥斯伯纳德 (Ausbernard)

(蔷薇属)

联系人：罗斯玛丽·威尔柯克斯
联系方式：+44-1902-376319　国家：英国

申请日：2012年3月31日

申请号：20120037

品种权号：20140009

授权日：2014年6月27日

授权公告号：国家林业局公告
（2014年第10号）

授权公告日：2014年7月15日

品种权人：大卫奥斯汀月季公司
（David Austin Roses Limited）

培育人：大卫·奥斯汀（David
Austin）

**品种特征特性：**‘奥斯伯纳德’（Ausbernard）是以未知品种的花坛月季为亲本进行杂交选育而成。‘奥斯伯纳德’为灌木，植株矮；茎有皮刺，数量中等；叶片大，上表皮光泽弱，小叶片叶缘波状曲线弱至中；有开花侧枝，数量少；花朵直径大，重瓣，花瓣数量极多，花色组为紫红色，花朵俯视形状为不规则圆形，花瓣内侧基部有黄色小斑点，香味浓。‘奥斯伯纳德’与近似品种比较的主要不同点如下表。

| 品种 | 嫩枝颜色 | 皮刺数量 | 花色组 | 花瓣内侧主要颜色 |
|---|---|---|---|---|
| ‘奥斯伯纳德’（Ausbernard） | 红棕色 | 中等 | 紫红色 | 紫红色72A，但稍偏紫 |
| ‘奥斯罗梅奥’（Ausromeo） | 绿色 | 较少 | 深红色 | 灰紫色187A，红色偏弱 |

# 奥斯波芮兹 (Ausbreeze)

(蔷薇属)

联系人： 罗斯玛丽·威尔柯克斯

联系方式：+44-1902-376319 国家：英国

申请日：2012年3月31日

申请号：20120038

品种权号：20140010

授权日：2014年6月27日

授权公告号：国家林业局公告（2014年第10号）

授权公告日：2014年7月15日

品种权人：大卫奥斯汀月季公司（David Austin Roses Limited）

培育人：大卫·奥斯汀（David Austin）

**品种特征特性**：'奥斯波芮兹'（Ausbreeze）是以未知品种的花坛月季为亲本进行杂交选育而成。'奥斯波芮兹'为灌木，植株高度为矮至中；茎有皮刺，数量中等；叶片大小中等，上表皮光泽弱，小叶片叶缘波状曲线无至极弱；无开花侧枝；花朵直径中至大，重瓣，花瓣数量中等，花色组为粉色，花瓣内侧基部有白色小斑点，香味无或极淡。'奥斯波芮兹'与近似品种比较的主要不同点如下表。

| 品种 | 皮刺数量 | 花瓣内侧主要颜色 | 花朵香型 |
|---|---|---|---|
| '奥斯波芮兹'（Ausbreeze） | 中等 | 紫红色 (69D)，但脉纹处颜色偏深 | 果香型 |
| '奥斯格瑞博'（Ausgrab） | 极少至少 | 非纯色，近紫红色 (73A) | 古老玫瑰香型 |

# 奥斯莫曲特 (Ausmerchant)

（蔷薇属）

联系人：罗斯玛丽·威尔柯克斯
联系方式：+44-1902-376319　国家：英国

申请日：2012年3月31日
申请号：20120040
品种权号：20140011
授权日：2014年6月27日
授权公告号：国家林业局公告
（2014年第10号）
授权公告日：2014年7月15日
品种权人：大卫奥斯汀月季公司
（David Austin Roses Limited）
培育人：大卫·奥斯汀（David Austin）

**品种特征特性：**'奥斯莫曲特'（Ausmerchant）是以未知品种的花坛月季为亲本进行杂交选育而成。'奥斯莫曲特'为灌木，植株矮；茎有皮刺，数量少，略带红色；叶片大小中等，上表皮光泽弱，叶缘波状曲线弱；有开花侧枝，数量少至中；花朵直径中至大，重瓣，花瓣数量极多，花瓣内侧基部有黄色小斑点，香味浓。'奥斯莫曲特'与近似品种比较的主要不同点如下表。

| 品种 | 花朵直径 | 花瓣数量 | 叶片上表面光泽 | 花瓣内侧颜色 |
|---|---|---|---|---|
| '奥斯莫曲特'（Ausmerchant） | 较大，约11cm | 较多，约130片 | 弱 | 非纯色，近紫红色(N66D)，偏浅 |
| '奥斯亨特'（Aushunter） | 较小，约9cm | 较少，约88片 | 中等 | 中部非纯色，介于红色(56B)至紫红色(63C)之间；边缘近紫红色(68B)，偏浅 |

# 奥斯薇薇德 (Ausvivid)

(蔷薇属)

联系人： 罗斯玛丽·威尔柯克斯
联系方式： +44-1902-376319　国家： 英国

申请日：2012年3月31日
申请号：20120045
品种权号：20140012
授权日：2014年6月27日
授权公告号：国家林业局公告
（2014年第10号）
授权公告日：2014年7月15日
品种权人：大卫奥斯汀月季公司
（David Austin Roses Limited）
培育人：大卫·奥斯汀（David
Austin）

**品种特征特性：**‘奥斯薇薇德’（Ausvivid）是以未知品种的花坛月季为亲本进行杂交选育而成。‘奥斯薇薇德’为灌木，植株高度为矮至中；茎有皮刺，数量少至中；叶片中至大，上表皮光泽弱，叶缘波状曲线极弱至弱；有开花侧枝，数量极少至少；花朵直径中等，重瓣，花瓣数量多至极多，花瓣内侧基部有白色斑点，香味无或淡。‘奥斯薇薇德’与近似品种比较的主要不同点如下表。

| 品种 | 皮刺数量 | 叶片大小 | 花瓣内侧主要颜色 | 花瓣外侧主要颜色 |
|---|---|---|---|---|
| ‘奥斯薇薇德’（Ausvivid） | 少至中 | 中至大 | 近紫红色（N57C），偏粉 | 近紫红色（N66C），稍偏粉 |
| ‘奥斯沃璐密’（Ausvolume） | 中至多 | 极小 | 近紫红色（67A），稍偏红 | 未见与内侧明显不同 |

# 粉嘟嘟

(蔷薇属)

联系人：王其刚
联系方式：13577044553　国家：中国

**申请日**：2011年10月28日
**申请号**：20110117
**品种权号**：20140013
**授权日**：2014年6月27日
**授权公告号**：国家林业局公告
（2014年第10号）
**授权公告日**：2014年7月15日
**品种权人**：云南云科花卉有限公司、云南省农业科学院花卉研究所
**培育人**：邱显钦、王其刚、蹇洪英、张颢、周宁宁、唐开学

**品种特征特性**：'粉嘟嘟'是以'云粉'为母本、'皇家巴克'（Royal Baccara）为父本杂交选育获得。灌木，植株直立。植株皮刺为平直刺，嫩绿色、基部深绿色，茎的中上部少刺，茎的中下部刺数量中等，刺大无小密刺；叶大小中等，小叶卵圆形，叶脉清晰、深绿色、光泽较弱，5小叶，叶缘有锯齿，顶端小叶基部圆形，小叶叶尖锐尖形，嫩叶红褐色，嫩枝褐绿色；切枝长度80～100cm，花枝均匀，花梗长而坚韧，少量刺毛；花粉红色，单生于茎顶，高心卷瓣杯状形，内外花瓣颜色均匀，花瓣数90～100枚，花瓣圆阔瓣形，花径7～9cm，萼片边缘延伸程度弱；植株生长旺盛，抗病性强，年产量20枝／株；鲜切花瓶插期8～10天。'粉嘟嘟'与近似品种比较的主要不同点如下表。

| 品种 | 长刺类型 | 顶端小叶叶尖 | 花瓣形状 | 花瓣大小 | 花瓣数量 | 花瓣边缘波状 |
|---|---|---|---|---|---|---|
| '粉嘟嘟' | 平直刺 | 锐尖 | 椭圆 | 小 | 90～100 | 中等 |
| '克劳迪亚' | 斜直刺 | 渐尖 | 宽椭圆 | 大 | 35～45 | 弱 |

# 胭脂扣

(蔷薇属)

联系人：张亚利

联系方式：13482365779　国家：中国

申请日：2010年11月25日

申请号：20100084

品种权号：20140014

授权日：2014年6月27日

授权公告号：国家林业局公告
（2014年第10号）

授权公告日：2014年7月15日

品种权人：云南省农业科学院花
卉研究所

培育人：李树发、王其刚、张
婷、邱显钦、晏慧君、蹇洪英、
张颢、唐开学、王继华

**品种特征特性：**'胭脂扣'是利用亲本'甜肯地阿'（Sweet Candia）辐射诱变培育获得。'胭脂扣'为灌木，植株直立。皮刺为斜直刺，在茎中下部分布均匀，节间皮刺数量2～4枚。叶卵形，深绿色，革质，有光泽，叶缘具粗锯齿，小叶叶尖锐尖、叶基圆形。花单生茎顶，高芯杯状形，花颜色为白底胭脂红边，且胭脂红边较宽，花瓣数30～35枚；花瓣圆瓣形，花瓣边缘反折弱、波形强。切枝长度70～90cm，花梗长而坚韧，茸毛数量多。植株生长势强，年产量15枝/株。鲜切花瓶插期8～10天。'胭脂扣'与近似品种'甜肯地阿'比较的不同点如下表。

| 品种 | 花瓣边缘色带宽度 | 花瓣数量 | 花瓣边缘波形 |
|------|------------------|----------|--------------|
| '胭脂扣' | 宽 | 30～35 | 强 |
| '甜肯地阿' | 窄 | 60～65 | 弱 |

# 红莲舞

（蔷薇属）

联系人：刘东
联系方式：010-62336126　国家：中国

**申请日：** 2011年10月26日
**申请号：** 20110112
**品种权号：** 20140015
**授权日：** 2014年6月27日
**授权公告号：** 国家林业局公告
（2014年第10号）
**授权公告日：** 2014年7月15日
**品种权人：** 北京林业大学、国家
花卉工程技术研究中心
**培育人：** 张启翔、罗乐、于超、王
蕴红、白锦荣、程堂仁、潘会堂

**品种特征特性：**'红莲舞'是用母本'保丽乐'、父本'软相红'人工杂交选育获得。半直立型灌木，株高可达160cm，长枝条略下弯，冠径可达250cm。羽状复叶，小叶5～7枚，小叶卵形至卵状长圆形，边缘具粗锯齿，两面近无毛，上面绿色，稍具光泽，下面颜色较浅，叶长10～15cm，宽6～10cm；托叶大部分与叶柄合生，仅顶端分离部分成耳状，边缘具腺毛。花单生或7～8朵聚生，花型翘角盘状，20～25瓣，粉红色，直径8～10cm。萼片卵状披针形，有2个萼片无延展，另外3枚萼片稍延展，边缘具羽状裂片，内面具白色茸毛，下表面具稀疏黑色腺毛。蔷薇果圆形或长卵圆形，长2～2.5cm，黄红或橘红色。花期5月中旬，一直持续到10月下旬，果期10～11月。'红莲舞'与近似品种比较的主要不同点如下表。

| 品种 | 花色 | 花型 | 着花情况 | 生长势 |
|------|------|------|----------|--------|
| '红莲舞' | 粉红色，亮丽 | 翘角杯状 | 7～8朵聚生 | 强 |
| '红帽子' | 粉红色，暗淡 | 卷边盘状 | 单朵着生于枝顶 | 中 |

# 天山霞光

## （蔷薇属）

联系人：郭润华
联系方式：18935851234　国家：中国

**申请日：**2012年3月12日

**申请号：**20120025

**品种权号：**20140016

**授权日：**2014年6月27日

**授权公告号：**国家林业局公告（2014年第10号）

**授权公告日：**2014年7月15日

**品种权人：**伊犁师范学院奎屯校区、北京市辐射中心、奎屯鸿森农林科技有限责任公司

**培育人：**郭润华、隋云吉、杨逢玉、杨帆、郑玉彬、何磊、刘芳、杨坤、白锦荣、尚宏忠、张启翔、罗乐、程堂仁

**品种特征特性：**'天山霞光'是以'疏花蔷薇'为母本、'粉和平'为父本进行杂交选育获得。高大型半直立灌木，株高可达250cm。皮刺为斜直刺，刺体中等，刺体密度小。老枝绿色，嫩枝紫红色。叶椭圆形，叶尖锐尖，叶基楔形，叶缘浅锯齿。花聚生、桃红；花瓣平瓣；花盘状；花中型偏小，花径6cm；重瓣，花瓣数25～28枚；花微香；花蕾壶形；花丝黄色。花期5～7月上旬，果期10～11月。盛花期45天左右。'天山霞光'与近似品种比较的主要不同点如下表。

| 品种 | 花瓣数 | 花色 | 抗寒性 |
|---|---|---|---|
| '天山霞光' | 25～28枚 | 桃红 | 强 |
| '红帽子' | 5～20枚 | 红色 | 中 |

# 奥斯瑞米妮 (Ausrimini)

(蔷薇属)

联系人：罗斯玛丽·威尔柯克斯
联系方式：+44-1902-376319　国家：英国

**申请日**：2012年3月31日
**申请号**：20120042
**品种权号**：20140017
**授权日**：2014年6月27日
**授权公告号**：国家林业局公告
（2014年第10号）
**授权公告日**：2014年7月15日
**品种权人**：大卫奥斯汀月季公司
（David Austin Roses Limited）
**培育人**：大卫·奥斯汀（David Austin）

**品种特征特性**：'奥斯瑞米妮'（Ausrimini）是以未知品种的花坛月季为亲本进行杂交选育而成。'奥斯瑞米妮'为灌木，植株高度矮至中；茎有皮刺，数量少；叶片大，上表皮光泽中等，叶缘波状曲线弱；无开花侧枝；花朵直径大，重瓣，花瓣数量中等，花瓣内侧基部有浅黄色小斑点。'奥斯瑞米妮'与近似品种比较的主要不同点如下表。

| 品种 | 叶片上表面光泽 | 花瓣内侧主要颜色 | 花瓣外侧主要颜色 |
| --- | --- | --- | --- |
| '奥斯瑞米妮'（Ausrimini） | 中等 | 非纯色，红色（39A～50D） | 未见与内侧明显不同 |
| '奥斯格纳博'（Ausgrab） | 弱 | 非纯色，近紫红色（73A） | 近紫红色（73C），偏蓝 |

# 奥斯薇布兰 (Ausvibrant)

(木兰属)

联系人：罗斯玛丽·威尔柯克斯
联系方式：+44-1902-376319  国家：英国

**申请日**：2012年3月31日
**申请号**：20120044
**品种权号**：20140018
**授权日**：2014年6月27日
**授权公告号**：国家林业局公告
（2014年第10号）
**授权公告日**：2014年7月15日
**品种权人**：大卫奥斯汀月季公司
（David Austin Roses Limited）
**培育人**：大卫·奥斯汀（David Austin）

**品种特征特性**：'奥斯薇布兰'（Ausvibrant）是以未知品种的花坛月季为亲本进行杂交选育而成。'奥斯薇布兰'为灌木，植株高度为矮至中；茎有少量皮刺；叶片中等大小，上表皮光泽弱；有开花侧枝，数量中等；花朵直径中至大，重瓣，花瓣数量中至多，花色组为紫红色，花瓣内侧基部有白色小斑点。'奥斯薇布兰'与近似品种比较的主要不同点如下表。

| 品种 | 花瓣数量 | 花瓣内侧主要颜色 | 花瓣外侧主要颜色 | 花型 |
|---|---|---|---|---|
| '奥斯薇布兰'（Ausvibrant） | 中至多 | 近紫红色（71C）偏亮 | 非纯色，紫红色（N74C~N74D） | 深杯型 |
| '奥斯因特瑟'（Ausintense） | 极多 | 紫红色（67B） | 紫红色（67B） | 开杯型 |

# 江淮1号杨

(杨属)

联系人：黄秦军

联系方式：010-62889661  国家：中国

申请日：2013年4月25日

申请号：20130044

品种权号：20140019

授权日：2014年6月27日

授权公告号：国家林业局公告（2014年第10号）

授权公告日：2014年7月15日

品种权人：中国林业科学研究院林业研究所

培育人：苏晓华、于一苏、黄秦军、赵自成、吴中能、苏雪辉、刘俊龙、丁昌俊

品种特征特性：'江淮1号杨'（15-129），雄性。树皮深灰褐色，纵裂，分枝角度30°，树干较通直，侧枝条较粗，树冠长椭圆形。1年生枝条浅绿色，棱不明显。皮孔长椭圆形，分布较密。叶片三角形或近三角形，叶基平行，叶尖渐窄尖细，中叶脉黄白色，叶柄无毛。展叶期3月初，落叶期12月初，病虫害少。'江淮1号杨'与近似品种比较的主要不同点如下表。

| 特征 | '江淮1号' | '黄淮杨3号' | 'I-69杨' |
|---|---|---|---|
| 植株花性 | 雄株 | 雌株 | 雌株 |
| 树皮特征 | 树皮深灰褐色，深纵裂 | 树皮灰黑色偏黄，树皮浅纵裂，裂痕浅 | 树皮灰褐色，中度纵裂 |
| 分枝特征 | 分枝角度30°，大树枝条较粗 | 分枝角度40°，大树枝条偏细 | 大树枝条中等粗度，分枝角度40° |

# 花冠贞

（女贞属）

联系人：潘常智
联系方式：0575-85180800  国家：中国

申请日：2013年5月5日
申请号：20130048
品种权号：20140020
授权日：2014年6月27日
授权公告号：国家林业局公告
（2014年第10号）
授权公告日：2014年7月15日
品种权人：潘常智
培育人：潘常智

**品种特征特性：**'花冠贞'是落叶或半常绿灌木，高 1.5～3m。小枝具短柔毛，基部楔形，全缘。叶柄有短柔毛，大多叶长 1.5～4cm、宽 1～2.5cm。树形紧凑、密集、横向发枝多，花叶金黄有光泽，叶初始时为黄色，生长期为金黄，一年四季花叶金黄。'花冠贞'与近似品种比较的主要不同点如下表。

| 品种 | 叶片大小 | 叶片颜色 | 枝 |
|---|---|---|---|
| '花冠贞' | 小 | 大多叶缘三分之二黄色，三分之一叶心绿色 | 枝干细、密集，横向发枝多 |
| 小叶女贞 | 大 | 绿色 | 枝干直立、粗长、向外散开 |

# 金冠贞

(女贞属)

联系人：潘常智

联系方式：0575-85180800 国家：中国

申请日：2013年5月5日

申请号：20130050

品种权号：20140021

授权日：2014年6月27日

授权公告号：国家林业局公告

（2014年第10号）

授权公告日：2014年7月15日

品种权人：潘常智

培育人：潘常智

**品种特征特性**：'金冠贞'是落叶或半常绿灌木，高 1.5～3m。小枝具短柔毛，基部楔形，全缘，叶向内卷，叶柄有短柔毛，大多叶长 1.5～4cm、宽 1～2.5cm。小枝细软微向下垂，树形紧凑、密集，软枝嫩芽头红色，叶四季金黄，冬季叶金黄或红色有光泽。叶初始时，芽黄色带红色，生长期叶芽满树金黄，后期有金黄或红色。'金冠贞'与近似品种比较的主要不同点如下表。

| 品种 | 叶片大小 | 叶片颜色 | 枝 |
|---|---|---|---|
| '金冠贞' | 小 | 纯黄色有光泽 | 枝干细软微向下垂，横向发枝多 |
| 小叶女贞 | 叶 | 绿色 | 枝干直立、粗长、向外散开 |

# 东岳红霞

（槭属）

联系人：张林
联系方式：13181848965  国家：中国

**申请日**：2012年12月5日
**申请号**：20120216
**品种权号**：20140022
**授权日**：2014年6月27日
**授权公告号**：国家林业局公告
（2014年第10号）
**授权公告日**：2014年7月15日
**品种权人**：泰安市泰山林业科学研究院、泰安时代园林科技开发有限公司
**培育人**：王长宪、孙忠奎、张林、张兴、张安琪、王厚新、王峰、李承秀、杜辉、王富金

**品种特征特性**：落叶乔木，干皮灰黄色，浅纵裂，小枝灰黄色，1年生枝嫩绿色。单叶对生，掌状5裂，有时中裂片又分3裂，裂片先端渐尖，叶基通常截形，稀心形。叶片在深秋变为全红色，鲜艳夺目。花期4月，花杂性，黄绿色，多成顶生伞房花序。翅果似元宝，两翅多开展成钝角，少有直角，翅与果近于等长。'东岳红霞'与对照比较性状差异如下表。

| 品种 | 深秋叶色 |
|---|---|
| '东岳红霞' | 鲜红色（RED44B） |
| 元宝枫 | 绿色、橙黄色或砖红色 |

# 东岳紫霞

（槭属）

联系人：张林

联系方式：13181848965　国家：中国

**申请日**：2012年12月5日

**申请号**：20120217

**品种权号**：20140023

**授权日**：2014年6月27日

**授权公告号**：国家林业局公告
（2014年第10号）

**授权公告日**：2014年7月15日

**品种权人**：泰安市泰山林业科学
研究院、泰安时代园林科技开发
有限公司

**培育人**：张林、孙忠奎、颜卫
东、李宾、王郑昊、王长宪、王
厚新、王峰、李承秀、孔繁伟

**品种特征特性**：落叶乔木，干皮灰黄色，浅纵裂，小枝灰黄色（1年生枝嫩绿色），叶片光滑，两面无毛，秋季叶色呈深红色或紫红色；叶裂较多，多5裂，偶见下裂片各有1裂角，裂深达叶片中下部，中裂片常3裂，先端渐尖，裂片全缘；掌状5脉出自基部；叶基截形或稀心形；花杂性，黄绿色，翅果扁平，绿色，成熟时黄褐色，两翅展开成锐角，翅长与果体相等或略短；花期4月。'东岳紫霞'与对照普通元宝槭比较性状差异如下表。

| 品种 | 深秋叶色 |
| --- | --- |
| '东岳紫霞' | 深红色或紫红色 |
| 元宝枫 | 绿色、橙黄色或砖红色 |

# 东岳彩霞

(槭属)

联系人：方永根
联系方式：13806783670　国家：中国

**申请日**：2012年12月5日

**申请号**：20120218

**品种权号**：20140024

**授权日**：2014年6月27日

**授权公告号**：国家林业局公告（2014年第10号）

**授权公告日**：2014年7月15日

**品种权人**：泰安市泰山林业科学研究院

**培育人**：王厚新、陈荣伟、李宾、王波、颜迎、张林、王峰、李承秀、孙忠奎、于永畅

**品种特征特性**：落叶乔木，干皮灰黄色，浅纵裂，当年生枝条直立、粗壮，红褐色，春季顶芽周围萌生枝条数量较多，与主干易形成竞争枝。单叶对生，叶基心状截形，叶脉清晰，叶柄较长，叶裂较明显，中裂片3裂。秋季树体上部叶片呈红色，下部叶片呈金黄色，鲜艳夺目。花期4月，花杂性，黄绿色，多成顶生伞房花序。翅果似元宝，两翅多开展成锐角，少有直角，翅与果近于等长。'东岳彩霞'与对照普通元宝枫比较性状差异如下表。

| 品种 | 深秋叶色 |
| --- | --- |
| '东岳彩霞' | 树体上部叶片呈红色，下部叶片呈金黄色 |
| 元宝枫 | 绿色、橙黄色或砖红色 |

24　　　　　　　　　　　　　　　　　中国林业植物授权新品种（2014）

# 中峰密枝

## （卫矛属）

联系人：杜林峰

联系方式：15038960896　国家：中国

申请日：2013年2月4日

申请号：20130008

品种权号：20140025

授权日：2014年6月27日

授权公告号：国家林业局公告
（2014年第10号）

授权公告日：2014年7月15日

品种权人：杜林峰

培育人：杜林峰

**品种特征特性：**树冠圆形与卵圆形，幼时树皮灰褐色、平滑，老树纵状沟裂。小枝细长，无毛，绿色，近四棱形，2年生枝四棱，每边各有白线。叶对生，卵状至卵状椭圆形，先端长渐尖，基部近圆形，缘有细锯齿，叶柄细长、约为叶片长的1/3，秋季叶色变红。伞形花序，腋生，有花3～7朵，淡绿色。蒴果粉红色，种子淡黄色，有红色假种皮，上端有小圆口，稍露出种子。株型紧凑、分枝短小，株矮枝密，株形优美，尤其适合培育造球，落叶季节全株依然保持浓绿。近似种选择其亲本原种丝棉木，二者的特异性为：'中峰密枝'株型紧凑、分枝短小，株矮枝密，落叶季节全株依然保持浓绿；近似种丝棉木株形分散紊乱、分枝长，小乔木，落叶季节正常落叶。

# 中峰美姿

（卫矛属）

联系人：杜林峰

联系方式：15038960896　国家：中国

申请日：2013年2月4日

申请号：20130009

品种权号：20140026

授权日：2014年6月27日

授权公告号：国家林业局公告
（2014年第10号）

授权公告日：2014年7月15日

品种权人：杜林峰

培育人：杜林峰

**品种特征特性：**树冠圆形与卵圆形，幼时树皮灰褐色、平滑，老树纵状沟裂。小枝细长，无毛，绿色，近四棱形，2年生枝四棱，每边各有白线。叶对生，卵状至卵状椭圆形，先端长渐尖，基部近圆形，缘有细锯齿，叶柄细长、约为叶片长的1/3，秋季叶色变红。伞形花序，腋生，有花3～7朵，淡绿色。蒴果粉红色，种子淡黄色，有红色假种皮，上端有小圆口，稍露出种子。枝叶茂密、株形优美、规整呈圆柱形，落叶季节全株依然保持浓绿。近似种选择其亲本原种丝棉木，二者的特异性为：‘中峰美姿’枝叶茂密、株形优美、规整呈圆柱形，落叶季节全株依然保持浓绿；近似种丝棉木枝叶分散稀疏，落叶季节正常落叶。

# 中峰长绿

(卫矛属)

联系人：杜林峰

联系方式：15038960896　国家：中国

申请日：2013年2月4日

申请号：20130010

品种权号：20140027

授权日：2014年6月27日

授权公告号：国家林业局公告
（2014年第10号）

授权公告日：2014年7月15日

品种权人：杜林峰

培育人：杜林峰

**品种特征特性：** 树冠圆形与卵圆形，幼时树皮灰褐色、平滑，老树纵状沟裂。小枝细长，无毛，绿色，近四棱形，2年生枝四棱，每边各有白线。叶对生，卵状至卵状椭圆形，先端长渐尖，基部近圆形，缘有细锯齿，叶柄细长、约为叶片长的1/3，秋季叶色变红。伞形花序，腋生，有花3~7朵，淡绿色。蒴果粉红色，种子淡黄色，有红色假种皮，上端有小圆口，稍露出种子。小乔木株型、枝叶茂密、落叶季节全株依然保持浓绿。近似种选择其亲本原种丝棉木，二者的特异性为：'中峰长绿'枝叶茂密、落叶季节全株依然保持浓绿；近似种丝棉木枝叶分散，落叶季节正常落叶。

# 鲁怪1号

**(怪柳属)**

联系人：刘德玺
联系方式：15315138889　国家：中国

**申请日：**013年8月15日
**申请号：**20130120
**品种权号：**20140028
**授权日：**2014年6月27日
**授权公告号：**国家林业局公告（2014年第10号）
**授权公告日：**2014年7月15日
**品种权人：**山东省林业科学研究院、东营林丰生物科技有限公司、山东霖昌园林绿化工程有限公司
**培育人：**王振猛、杨庆山、杨志良、郑爱民、刘桂民、李永涛、刘德玺、郭林春

**品种特征特性：**'鲁怪1号'为落叶乔木，主干明显，顶端优势强，老枝直立，暗褐色，幼枝粗壮稠密，绿色，有光泽；叶小，鳞片状，呈钻形或卵状披针形，无叶柄及托叶，鳞叶抱茎而生，枝叶融合一体；嫩枝繁密纤细，下垂，呈狼尾状，生物量大；每年夏秋季开花，稀见，总状花序侧生去年生木质化的小枝上，花量少，花5数，萼片5，狭长卵形，花瓣5，粉红色。叶色翠绿（淡蓝绿色），落叶较晚，夏季（内腔部分稍脱落）和冬季（自然脱落）随嫩枝两次脱落。'鲁怪1号'与其近似品种相比，主要不同点如下表。

| 性状 | '鲁怪1号' | 中国怪柳 |
|---|---|---|
| 植株生长习性 | 乔木，顶端优势强 | 灌木或小乔木 |
| 幼枝形态 | 幼枝粗壮稠密，绿色有光泽。具叶嫩枝繁密，下垂呈狼尾状 | 幼枝细弱，红紫色或暗紫红色 |
| 叶色 | 叶翠绿色（淡蓝绿色） | 叶鲜绿色 |
| 花量 | 少 | 中等 |
| 落叶期 | 落叶晚 | 落叶较早 |

# 鲁柽3号

（柽柳属）

联系人：刘德玺
联系方式：15315138889　国家：中国

**申请日**：013年8月15日
**申请号**：20130121
**品种权号**：20140029
**授权日**：2014年6月27日
**授权公告号**：国家林业局公告
（2014年第10号）
**授权公告日**：2014年7月15日
**品种权人**：山东省林业科学研究院、东营林丰生物科技有限公司、山东霖昌园林绿化工程有限公司
**培育人**：刘德玺、王振猛、杨庆山、魏海霞、刘桂民、周健、李永涛、王霞、杨志良、郑爱民

**品种特征特性**：'鲁柽3号'为灌木；老枝直立，暗褐红色，光亮，幼枝亦直立紧凑，红紫色或暗紫红色，有光泽。叶小，鳞片状，呈钻形或卵状披针形，无叶柄及托叶，鳞叶抱茎而生，枝叶融合一体；叶蓝绿色，深秋变红色。每年开花两次，晚春或初夏开花，粉红色，种子败育。夏、秋季开花，花量少。'鲁柽3号'与其近似品种相比，主要不同点如下表。

| 性状 | '鲁柽3号' | 中国柽柳 |
|---|---|---|
| 叶色 | 蓝绿色 | 绿色 |
| 深秋叶色 | 红色至深红色 | 绿色至黄色 |
| 小枝形态 | 紧凑，粗短 | 松散，常下垂 |

# 盐松1号

（柽柳属）

联系人：李献礼
联系方式：13386365888　国家：中国

申请日：2013年8月15日
申请号：20130122
品种权号：20140030
授权日：2014年6月27日
授权公告号：国家林业局公告
（2014年第10号）
授权公告日：2014年7月15日
品种权人：山东三益园林绿化有
限公司
培育人：吕文泉、李献礼、王振
猛、杨庆山、魏海霞、刘桂民、
王霞

**品种特征特性**：'盐松1号'为落叶乔木，主干明显，树皮暗褐色；多年生枝干皮紫红色；幼枝稠密，直立或平展，枝条暗紫色；叶小，鳞片状，长圆状披针形或长卵形，无叶柄及托叶，鳞叶抱茎而生，枝叶融合一体；叶色墨绿；每年春夏秋均开花；春季总状花序侧生于去年生木质化小枝上，常数个成簇，花枝稍下垂，有短总花梗，或近无梗；花5数，萼片5，狭长卵形，花瓣5，粉红色；蒴果圆锥形；夏秋季开花，较春季花序细、少，生于当年生幼枝顶端，组成顶生大圆锥花序，疏松而下弯；花5数，较春季略小，密生；苞片绿色，草质，较春季花的苞片狭细，花梗较长，花瓣粉红色，比花萼长。'盐松1号'与其近似品种相比，主要不同点如下表。

| 性状 | '盐松1号' | 中国柽柳 |
|------|-----------|----------|
| 植株生长习性 | 乔木 | 灌木或小乔木 |
| 种子育性 | 败育 | 育性弱 |
| 枝形态 | 直立或平展 | 下垂或直立 |
| 花量 | 少 | 中等 |
| 生物量 | 大 | 中等 |
| 落叶期 | 平均比中国柽柳晚22天 | 较早 |

# 盐松2号

（柽柳属）

联系方式：13386365888　国家：中国

申请号：20130123

品种权号：20140031

授权日：2014年6月27日

授权公告号：国家林业局公告
（2014年第10号）

授权公告日：2014年7月15日

品种权人：山东三益园林绿化有
限公司

培育人：李献礼、吕文泉、魏海
霞、王振猛、杨庆山、周健、李
永涛、王霞

品种特征特性：'盐松2号'为大灌木，顶端优势弱；老枝直立，暗褐红色，幼枝下垂，红紫色或淡紫红色。叶绿色，上部绿色营养枝上的叶钻形或卵状披针形，半贴生，先端渐尖而内弯，基部变窄。每年开花2次。晚春或初夏开花，花量大而下垂：总状花序侧生在去年生木质化的小枝上；有短总花梗，或近无梗；花5出；萼片5，粉红色。朔果圆锥形。夏、秋季开花，总状花序侧生于当年生枝，组成顶生大圆锥花序；花瓣粉红色。花期4～9月。秋季叶色黄色或土黄色，至冬不落。'盐松2号'与其近似品种相比，主要不同点如下表。

| 性状 | '盐松2号' | 中国柽柳 |
|---|---|---|
| 植株生长习性 | 灌木 | 灌木或小乔木 |
| 叶片颜色 | 翠绿 | 绿 |
| 种子育性 | 败育 | 可育 |
| 小枝形态 | 蓬松舒展且下垂 | 稀下垂，紧凑 |
| 深秋叶色 | 黄白色至黄色 | 绿色 |

# 新桉3号

（桉属）

联系人：罗建中

联系方式：13922087469  国家：中国

申请日：2013年8月15日

申请号：20130124

品种权号：20140032

授权日：2014年6月27日

授权公告号：国家林业局公告
（2014年第10号）

授权公告日：2014年7月15日

品种权人：国家林业局桉树研究
开发中心

培育人：谢耀坚、罗建中、卢万
鸿、林彦、高丽琼

**品种特征特性：**'新桉3号'为常绿高大乔木，单一主干，树干通直圆满，树皮粗糙、橙色，老皮呈鳞片状脱落。树叶近似卵形，嫩绿色，正反面色差小；叶的正面蜡质较厚，反面无蜡质，叶片较为肥厚；树叶叶缘有大的波浪状起伏。伞房花序，花苞葫盖为带凸点的球形，3年生左右始花。'新桉3号'与近似品种比较的主要不同点如下表。

| 性状 | '新桉3号' | 'EC18' |
|---|---|---|
| 叶片形状 | 近卵形，叶缘有大的波浪状起伏 | 宽披针形，叶缘线较直 |
| 叶片颜色 | 绿色，正反面色差小 | 嫩绿色 |
| 树皮 | 表皮粗糙、呈鳞片状脱落 | 表皮光滑，呈块状脱落 |

# 新桉4号

（桉属）

联系人：罗建中
联系方式：13922087469　国家：中国

申请日：2013年8月15日

申请号：20130125

品种权号：20140033

授权日：2014年6月27日

授权公告号：国家林业局公告（2014年第10号）

授权公告日：2014年7月15日

品种权人：国家林业局桉树研究开发中心

培育人：谢耀坚、罗建中、卢万鸿、林彦、高丽琼

**品种特征特性**：'新桉4号'为常绿高大乔木，植株单一主干，树干圆满通直；幼树树皮为浅棕色，3年生以上植株树皮为灰绿色，镶嵌有大块青绿斑块，老皮呈带状脱落。树叶呈中等宽度披针形，叶色深绿，正反面色差小；叶的正面蜡质厚度中等，反面无蜡质；叶片下垂，叶片边缘不规则的凹凸起伏。伞房花序，1序7花，3～4年始花。'新桉4号'与其近似品种相比，主要不同点如下表。

| 性状 | '新桉4号' | 'DH3229' |
|------|-----------|----------|
| 叶 | 叶面到叶尖过渡平缓 | 叶面到叶尖过渡突然 |
| 树皮 | 灰绿色，镶嵌有大块青绿斑块 | 灰绿色，颜色均一 |

# 新桉5号

（桉属）

联系人：罗建中
联系方式：13922087469　国家：中国

申请日：2013年8月15日
申请号：20130126
品种权号：20140034
授权日：2014年6月27日
授权公告号：国家林业局公告
（2014年第10号）
授权公告日：2014年7月15日
品种权人：国家林业局桉树研究
开发中心
培育人：罗建中、谢耀坚、卢万
鸿、林彦、高丽琼

**品种特征特性**：'新桉5号'为常绿高大乔木，单一主干，树干通直圆满，树皮为橙黄色，着色不均匀；3年生以上植株树皮为泛橙色的灰绿色，嵌有暗灰色斑块，老皮呈片状脱落。树叶呈宽披针形，页面朝上，叶色深绿，正反面色差小；叶的正面被蜡厚度中等，反面无蜡质，叶片较薄，叶缘近似线形，但不齐整。伞房花序，1序7花，始花年龄3～4年。'新桉5号'与其近似品种相比，主要不同点如下表。

| 性状 | '新桉5号' | 'EC18' |
|---|---|---|
| 叶片形状 | 宽披针形，叶尖较长 | 宽披针形，叶尖较短 |
| 叶片颜色 | 叶色深绿 | 叶色嫩绿 |
| 树皮 | 泛橙色的灰绿色，嵌暗灰色斑块，呈小片状脱落 | 较均一的橙色，呈块状脱落 |

# 新桉6号

（桉属）

联系人：罗建中
联系方式：13922087469  国家：中国

申请日：2013年8月15日
申请号：20130127
品种权号：20140035
授权日：2014年6月27日
授权公告号：国家林业局公告
（2014年第10号）
授权公告日：2014年7月15日
品种权人：国家林业局桉树研究
开发中心
培育人：罗建中、谢耀坚、卢万
鸿、林彦、高丽琼

**品种特征特性：**'新桉6号'为常绿高大乔木，单一主干，树干通直圆满，树皮为棕红色，有网状纹理；3年生以上植株树皮颜色为橙灰色，镶嵌块状暗灰色，老皮呈块状脱落；树叶呈中等宽度的披针形，叶尖下垂，叶色灰绿，正反面几乎无色差；叶的正面被蜡薄，反面无蜡质，叶片较薄；叶缘侧视近似线形，外缘线不齐整。伞房花序，1序7花，始花年龄2~3年。'新桉6号'与其近似品种相比，主要不同点如下表。

| 性状 | '新桉6号' | 'EC18' |
|------|-----------|--------|
| 叶片形状 | 披针形 | 宽披针形 |
| 叶片颜色 | 叶色灰绿 | 叶色嫩绿 |
| 树皮 | 橙灰色，嵌暗灰色斑块，呈块状脱落 | 较均一的橙色，呈块状脱落 |

# 金陵红

（槭属）

联系人：荣立苹
联系方式：13813805804  国家：中国

申请日：2013年5月7日
申请号：20130056
品种权号：20140036
授权日：2014年6月27日
授权公告号：国家林业局公告
（2014年第10号）
授权公告日：2014年7月15日
品种权人：江苏省农业科学院
培育人：李淑顺、李倩中、荣立苹、唐玲

**品种特征特性：** '金陵红'由三角枫实生苗选育获得，落叶乔木，当年生枝紫色或紫绿色，近于无毛；多年生枝淡灰色或灰褐色，稀被蜡粉。单叶对生，叶厚纸质，浅3裂，各裂片形状不同，中央裂片三角形，侧裂片钝形。基部楔形，外貌椭圆形或倒卵形。成熟叶上表面深绿色，下表面淡绿色。花期4月，花多数常成顶生被短柔毛的伞房花序，直径约3cm，花瓣5，淡黄色。果期8月，翅果黄褐色，张开成锐角或近于直立。秋季叶色亮紫红色，落叶期在12月下旬至翌年1月上旬。'金陵红'与近似品种比较的主要不同点如下表。

| 性状 | '金陵红' | 普通三角枫 |
|---|---|---|
| 落叶期 | 12月下旬至翌年1月上旬 | 11月下旬 |
| 叶色 | 亮紫红色 | 暗红色或橙红 |
| 叶片裂片 | 各裂片形状不同，中央裂片三角形，侧裂片钝形 | 各裂片形状相同，呈三角卵形 |

# 冬北红

（石楠属）

联系人：刘静

联系方式：0538-6215176　国家：中国

申请日：2013年7月4日

申请号：20130087

品种权号：20140037

授权日：2014年6月27日

授权公告号：国家林业局公告（2014年第10号）

授权公告日：2014年7月15日

品种权人：泰安市泰山林业科学研究院

培育人：刘静、王迎、王斌、冯殿齐、黄艳艳、罗磊、宋承东、孔令刚、张虹、孔凡伟

**品种特征特性：**‘冬北红’为常绿多枝丛生灌木，株形较紧凑。小枝褐灰色，无毛。叶革质，互生，长椭圆形、长倒卵形或倒卵状椭圆形；叶缘具带腺细锯齿；叶片相对较小，一般为6.1～7.7cm左右，叶柄较短，约为0.8～1.2cm，叶先端渐尖，具细锯齿；嫩枝、新叶均成鲜红色。6月中旬以后温度升高，红叶颜色开始转淡，但仍有新叶萌发。到10月中旬，生长基本停止，叶色由淡红色转变为淡绿色直至绿色。随着温度降低，秋叶新叶开始萌发，再次呈鲜红色，随后进入冬季休眠期，在翌年春天又开始萌发。复伞房花序顶生，总花梗和花梗无毛；花梗长3～5mm；花白色，直径6～8mm。梨果球形，直径5～6mm，红色或褐紫色。‘冬北红’与近似品种比较的主要不同点如下表。

| 性状 | ‘冬北红’ | ‘红罗宾’ |
|---|---|---|
| 抗寒性 | 较强 | 中或较弱 |
| 叶缘锯齿 | 较长 | 中或较短 |
| 新生叶片颜色 | 鲜红 | 褐红 |

# 奋勇

（山茶属）

联系人：皮秋霞

联系方式：0871-7372469　国家：中国

申请日：2010年11月10日

申请号：20100079

品种权号：20140038

授权日：2014年6月27日

授权公告号：国家林业局公告（2014年第10号）

授权公告日：2014年7月15日

品种权人：云南远益园林工程有限公司

培育人：李奋勇、刘国强、皮秋霞

**品种特征特性：**'奋勇'是1998年在云南红花油茶林中发现的单株变异，采用嫁接繁殖培育获得。'奋勇'叶片椭圆形至长椭圆形，长7.0～9.5cm，宽3.0～4.5cm，叶尖渐尖，叶基楔形，叶背沿中脉有茸毛。花朵直径9～13cm，花瓣桃红色，4～5轮20～25片；外轮花瓣较舒展，先端多有凹缺，内轮花瓣波状、直立；雄蕊瓣化较明显，余下雄蕊合成3～5束，夹生在内轮花瓣中；雌蕊发育不良，基部呈片状，子房退化。花期12月下旬至翌年2月下旬。'奋勇'与近似品种'来风春'比较的不同点如下表。

| 品种 | 花期 | 花瓣 | 花径 | 花形 |
|------|------|------|------|------|
| '奋勇' | 12月下旬至翌年2月 | 20～25片 | 9～13cm | 外轮花瓣舒展，内轮波状直立 |
| '来风春' | 1～3月 | 27～32片 | 12～15cm | 外轮花瓣波状，内轮微卷 |

# 粉溢

（山茶属）

联系人：刘国强

联系方式：0872-2465379 国家：中国

申请日：2012年8月17
申请号：20120138
品种权号：20140039
授权日：2014年6月27日
授权公告号：国家林业局公告
（2014年第10号）
授权公告日：2014年7月15日
品种权人：云南远益园林工程有
限公司、云南省特色木本花卉工
程技术研究中心
培育人：李奋勇、刘国强、皮秋霞

**品种特征特性**：'粉溢'是由腾冲红花油茶播种苗选育获得。小乔木。叶芽卵形，略带紫色，叶片卵状披针形，长 8.66～10.84cm，宽 4.47～5.16cm，叶缘具粗锯齿，基部楔形，先端渐尖。花荷花重瓣型，花两色，花瓣边缘红紫色（RHS 73B），缘内紫色(RHS 75C)，花瓣 12 片，略外卷，分 3 轮排列，长 5.81cm，宽 4.21cm，花径 11cm，雄蕊多数，部分瓣化。'粉溢'与近似品种比较的主要不同点如下表。

| 品种 | '粉溢' | 腾冲红花油茶 |
|---|---|---|
| 叶芽形状 | 卵形 | 披针形 |
| 花型 | 荷花重瓣，3 轮 | 单瓣 |
| 花径 | 大，11cm | 小，6～7cm |
| 花丝着生方式 | 花丝离生 | 花丝合生 |

# 紫玉云祥

（山茶属）

联系人：刘国强

联系方式：0872-2465379　国家：中国

申请日：2012年8月17

申请号：20120136

品种权号：20140040

授权日：2014年6月27日

授权公告号：国家林业局公告
（2014年第10号）

授权公告日：2014年7月15日

品种权人：云南远益园林工程有
限公司、云南省特色木本花卉工
程技术研究中心

培育人：李奋勇、刘国强、皮秋霞

**品种特征特性：**'紫玉云祥'是由腾冲红花油茶播种苗选育获得。小乔木，叶芽长披针形，黄绿色，长7.46～9.20cm，宽1.80～3.59cm，叶片深绿色，披针形，厚革质，内卷，长8.66～10.84cm，宽4.47～5.16cm，叶缘具浅黄色粗锯齿，基部楔形或钝圆，先端渐尖。花芍药半重瓣型，花红紫色（RHS 57D），花瓣20片，圆形，顶端凹陷，分4轮排列，长4.18cm，宽3.16cm，花径6.4～7.5cm，雄蕊部分瓣化，尚有13～15枚雄蕊残存。'紫玉云祥'与近似品种比较的主要不同点如下表。

| 性状 | '紫玉云祥' | 腾冲红花油茶 |
|------|-----------|-------------|
| 叶片 | 厚革质，深绿色 | 薄革质，黄绿色 |
| 花型 | 芍药半重瓣，4轮 | 单瓣 |
| 花色 | 红紫色（RHS 57D） | 紫色（RHS 75D） |
| 花柱 | 离生，先端瓣化 | 合生，先端3浅裂 |

# 紫玉云霞

（山茶属）

联系人：刘国强

联系方式：0872-2465379　国家：中国

申请日：2012年8月17

申请号：20120137

品种权号：20140041

授权日：2014年6月27日

授权公告号：国家林业局公告
（2014年第10号）

授权公告日：2014年7月15日

品种权人：云南远益园林工程有
限公司、云南省特色木本花卉工
程技术研究中心

培育人：李奋勇、刘国强、皮秋霞

**品种特征特性：**'紫玉云霞'是由'玉带紫袍'与腾冲红花油茶人工杂交选育获得。小乔木，叶芽椭圆状披针形，略带紫色，叶片卵形或阔卵形，黄绿色，长6.1～9.8cm，宽4.4～5.2cm，叶缘具粗锯齿，基部楔形，先端渐尖。花玫瑰重瓣型，紫罗兰色（RHS N80D），花朵中间两轮花瓣边缘具白色条纹，花瓣25～30片，略外卷，分7～9轮排列，长4.21cm，宽3.51cm，花径7.61cm，萼片、雄蕊瓣化。'紫玉云霞'与近似品种比较的主要不同点如下表。

| 性状 | '紫玉云霞' | 腾冲红花油茶 | '玉带紫袍' |
|---|---|---|---|
| 叶片 | 卵状披针形 | 披针形 | 宽椭圆形 |
| 花型 | 重瓣型，25～30片 | 单瓣 | 重瓣，42～46片 |
| 花色 | 紫色（RHS N80D） | 紫色 (RHS 75D) | 红紫色 |
| 花径 | 中等，7.6cm | 小，6～7cm | 大，11～14cm |

# 娇菊

（木兰属）

联系人：桑子阳
联系方式：13487222833　国家：中国

**申请日**：2012年12月3日
**申请号**：20120211
**品种权号**：20140042
**授权日**：2014年6月27日
**授权公告号**：国家林业局公告
（2014年第10号）
**授权公告日**：2014年7月15日
**品种权人**：北京林业大学、三峡大学、五峰博翎红花玉兰科技发展有限公司
**培育人**：马履一、王罗荣、桑子阳、陈发菊、贾忠奎、贺随超、王希群、朱仲龙

**品种特征特性**：'娇菊'能够在低海拔平原地区种植和推广，可生长成高大落叶乔木，高约20m，叶片互生有时呈螺旋状排列，正面深绿色，背面灰绿色，宽倒卵形，先端宽圆微凸，叶基宽楔形，全缘，叶脉5～8对；花芳香，单生枝顶，直立，先叶开放；花被片12个，粉红色，均为花瓣状，长匙形；聚合蓇葖果，圆柱形；种子黄褐色，宽卵形；喜光，稍耐阴，忌低湿，栽植地渍水易烂根，喜肥沃、排水良好的酸性至中性土壤。'娇菊'与相似品种'娇红1号'相比，有以下区别。

| 性状 | '娇菊' | '娇红1号' |
|---|---|---|
| 叶 | 宽倒卵形，先端宽圆微凸，叶基宽楔形 | 倒卵状椭圆形，先端圆宽，中部以下渐楔形 |
| 叶脉 | 5～8对 | 6～7对 |
| 花被片 | 12个，粉红色，长匙形 | 9（～11）个，两面红色，倒卵形 |

42　　　　　　　　　　　　　　　　　　中国林业植物授权新品种（2014）

# 娇姿

（木兰属）

联系人：桑子阳
联系方式：13487222833　国家：中国

申请日：2012年12月3日

申请号：20120212

品种权号：20140043

授权日：2014年6月27日

授权公告号：国家林业局公告
（2014年第10号）

授权公告日：2014年7月15日

品种权人：北京林业大学、三峡
大学、五峰博翎红花玉兰科技发
展有限公司

培育人：马履一、杨杨、王罗
荣、桑子阳、陈发菊、贾忠奎、
贺随超、王希群、朱仲龙

**品种特征特性：**'娇姿'能够在低海拔平原地区种植和推广，可生长成高大落叶乔木，高约20m，叶片互生有时呈螺旋状排列，正面深绿色，背面灰绿色，宽倒卵形，先端宽圆微凸，叶基宽圆形，全缘，叶脉6~7对；花芳香，单生枝顶，直立，先叶开放；花被片12个，粉红色，均为花瓣状，宽匙形，花瓣中下端深，中上端浅；聚合蓇葖果，圆柱形；种子黄褐色，宽卵形；喜光，稍耐阴，忌低湿，栽植地渍水易烂根，喜肥沃、排水良好的酸性至中性土壤。'娇姿'与相似品种'娇红1号'相比，有以下区别。

| 品种 | '娇姿' | '娇红1号' |
|---|---|---|
| 叶 | 宽倒卵形，先端宽圆微凸，叶基宽圆形 | 倒卵状椭圆形，先端圆宽，中部以下渐楔形 |
| 花被片 | 12个，宽匙形，粉红色，花瓣中下端深，中上端浅 | 9（~11）个，两面红色，倒卵形 |

# 娇艳

（木兰属）

联系人：桑子阳
联系方式：13487222833　国家：中国

申请日：2012年12月3日
申请号：20120213
品种权号：20140044
授权日：2014年6月27日
授权公告号：国家林业局公告
（2014年第10号）
授权公告日：2014年7月15日
品种权人：北京林业大学、三峡
大学、五峰博翎红花玉兰科技发
展有限公司
培育人：马履一、王罗荣、桑子
阳、陈发菊、贾忠奎、贺随超、
王希群、朱仲龙

**品种特征特性**：'娇艳'能够在低海拔平原地区种植和推广，可生长成高大落叶乔木，高约20m，叶片互生有时呈螺旋状排列，正面深绿色，背面灰绿色，长或宽倒卵形，先端宽圆微凸，叶基楔形，全缘，叶脉4～8对，花芳香，单生枝顶，直立，先叶开放；花被片12～15个，粉红色，较艳，均为花瓣状，长宽匙形；聚合蓇葖果，圆柱形；种子黄褐色，宽卵形；喜光，稍耐阴，忌低湿，栽植地渍水易烂根，喜肥沃、排水良好的酸性至中性土壤。'娇艳'与相似品种'娇红1号'相比，有以下区别。

| 性状 | '娇艳' | '娇红1号' |
|---|---|---|
| 叶 | 长或宽倒卵形，先端宽圆微凸叶基楔形 | 倒卵状椭圆形，先端圆宽，中部以下渐楔形 |
| 叶脉 | 4～8对 | 6～7对 |
| 花被片 | 12～15个，粉红色，较艳，均为花瓣状，长宽匙形 | 9(～11)个，两面红色，倒卵形 |

# 花好月圆

（含笑属）

联系人：刘军
联系方式：13588395326　国家：中国

**申请日**：2013年4月2日
**申请号**：20130032
**品种权号**：20140045
**授权日**：2014年6月27日
**授权公告号**：国家林业局公告
（2014年第10号）
**授权公告日**：2014年7月15日
**品种权人**：中国林业科学研究院
亚热带林业研究所、韩东坤
**培育人**：刘军、韩东坤、姜景民

**品种特征特性**：'花好月圆'为在野外开展含笑资源调查时发现1株叶形、冠型和花色等方面与其他含笑品种差异较大的个体，采用扦插和嫁接方法成功繁育出新品种，分枝浓密，冠型紧凑；叶厚革质，近圆形。花乳白色，外表面基部、尖端和边缘紫色晕染，内表面尤为明显。'花好月圆'与近似品种比较的主要不同点如下表。

| 性状 | '花好月圆' | '含笑' |
|---|---|---|
| 叶片形状 | 近圆形 | 狭椭圆形 |
| 叶片长度（cm） | 3.2～7.5 | 4～10 |
| 叶片上面颜色 | 深亮绿色 | 亮绿色 |
| 叶片厚度 | 较厚 | 中等 |
| 花色 | 乳白色，外表面基部、尖端和边缘紫色晕染，内表面尤为明显 | 淡黄色或乳白色 |
| 分枝 | 浓密，分枝角小 | 繁密，分枝角大 |
| 冠型 | 紧凑 | 较紧凑 |

# 玉壶含笑

（含笑属）

联系人：杨科明

联系方式：13202090952  国家：中国

申请日：2013年4月26日

申请号：20130045

品种权号：20140046

授权日：2014年6月27日

授权公告号：国家林业局公告
（2014年第10号）

授权公告日：2014年7月15日

品种权人：中国科学院华南植物园

培育人：杨科明、陈新兰、韦
强、廖景平

**品种特征特性：**‘玉壶含笑’为常绿小乔木，分枝繁密。小枝绿色，老枝灰紫色，芽、小枝、叶柄、苞片和花梗均被锈褐色茸毛。叶革质，椭圆形，先端急尖，基部楔形，上面深绿色，下面淡绿色，被褐色微毛。花芳香，张开呈杯状；花被片6，肉质，米黄色，外轮3片外面基部淡绿色，倒卵形至倒卵状椭圆形，长2.3～2.7cm，宽1.3～1.6cm；雄蕊42～45枚，长0.9～1.2cm，米白色，花丝长，药隔伸出呈三角形长尖头；雌蕊群淡绿色，圆柱形，心皮密被有光泽的白色微毛；暂未结实。‘玉壶含笑’与近似品种比较的主要不同点如下表。

| 性状 | ‘玉壶含笑’ | ‘广西含笑’（母本） | ‘云南含笑’（父本） |
|---|---|---|---|
| 习性 | 常绿小乔木 | 常绿小乔木 | 常绿灌木 |
| 株形 | 圆锥形 | 长卵球形 | 圆球形 |
| 叶质地 | 革质 | 厚革质 | 革质 |
| 叶形状 | 椭圆形 | 椭圆形或倒卵状椭圆形 | 倒卵形 |
| 叶片大小 | 长6.5～8cm，宽2.5～3cm，先端急尖 | 长5～10cm，宽3～5cm，先端短渐尖或急尖 | 长4～10cm，宽1.5～4.5cm，先端钝圆、微凹 |
| 花 | 很多，常2～3朵簇生叶腋，偶见单朵；张开呈杯状 | 少，常单朵生于叶腋，偶见2朵；张开呈杯状 | 较多，常1朵生于叶腋，偶见2～3朵；完全张开 |
| 花被片 | 6片，米黄色，倒卵形至倒卵状椭圆形，长2.3～2.7cm，宽1.3～1.6cm | 6片，米黄色，倒卵形，长2.5～3.1cm，宽1～1.7cm | 6（9）片，白色，倒卵状椭圆形或倒卵形，长2.8～3.5cm 宽1.2～2cm |
| 花径 | 3～4cm | 2～2.7cm | 6～7cm |
| 花期 | 3～4月 | 3～4月 | 3月 |
| 结实 | 未见结实 | 8月中旬，结实少 | 8月中旬，结实少 |
| 生长速度 | 快 | 中等 | 慢 |

# 甜甜

（含笑属）

联系人：徐慧
联系方式：18217161866　国家：中国

申请日：2013年3月5日
申请号：20130021
品种权号：20140047
授权日：2014年6月27日
授权公告号：国家林业局公告
（2014年第10号）
授权公告日：2014年7月15日
品种权人：棕榈园林股份有限公司、深圳市仙湖植物园管理处
培育人：王亚玲、张寿洲、杨建芬、刘坤良、赵强民、赵珊珊、王晶、宋晓薇、吴建军

**品种特征特性：**'甜甜'为常绿小乔木；小枝绿色，老枝灰绿色；芽、叶背面、叶脉、叶柄及嫩枝密被棕褐色毛。叶厚纸质，阔椭圆形或倒卵状椭圆形，宽2.2～5.2cm，长5.2～12cm，先端突尖，基部楔形，上面深绿色，下面浅绿色；侧脉11～17对，在叶面稍下陷；叶柄长0.6～1.0cm，基部膨大；托叶痕圆形。花被片6，两轮，每轮3片，肉质，浅黄色，外轮基部略带黄绿色，瓣尖紫红色，极芳香。1～5月陆续开花，花期长达5个月，1～2月为相对集中开花期，未见结实。'甜甜'与近缘种类的性状对比如下表。

| 性状 | '甜甜' | 苦梓含笑（母本） | 含笑（父本） |
|---|---|---|---|
| 落叶习性 | 常绿小乔木 | 常绿乔木 | 常绿灌木或小乔木 |
| 株形 | 卵圆形 | 卵圆形 | 卵圆形 |
| 叶质地 | 革质 | 革质 | 革质 |
| 叶形状 | 椭圆形 | 椭圆形 | 椭圆形 |
| 叶长/宽（cm） | 5.2～12/2.2～5.2 | 10～20/5～10 | 4～10/1.8～4.5 |
| 花被片 | 肉质，浅黄色，外轮略带浅绿色，瓣尖紫红色 | 肉质，浅黄色或乳白色，略带浅绿色 | 浅黄色或乳白色，瓣尖及花瓣基部内侧紫红色 |
| 花径 | 花被片开展，3～4cm | 花被片不开展，3～4cm | 花被片平展，2～3cm |
| 芳香 | 极芳香 | 芳香 | 芳香 |
| 花期 | 1～5月 | 3月 | 2～5月 |
| 果期 | 未见结实 | 9～10月 | 8～9月 |

# 转转

（含笑属）

联系人：徐慧
联系方式：18217161866　国家：中国

**申请日**：2013年5月13日
**申请号**：20130058
**品种权号**：20140048
**授权日**：2014年6月27日
**授权公告号**：国家林业局公告（2014年第10号）
**授权公告日**：2014年7月15日
**品种权人**：棕榈园林股份有限公司、深圳市仙湖植物园管理处
**培育人**：王亚玲、张寿洲、杨建芬、刘坤良、赵强民、赵珊珊、王晶、宋晓薇、吴建军

**品种特征特性**：'转转'为常绿灌木或小乔木；小枝绿色，老枝灰褐色；芽、叶背面、叶脉、叶柄及嫩枝密被灰褐色毛。叶纸质，长椭圆形或倒卵状椭圆形，长5.0～10.0cm，宽2.4～5.6cm，先端微尖，基部楔形，上面深绿色，下面粉绿色；中脉在叶面稍下陷，在叶背凸起；侧脉8～13对，在叶面微下陷，在叶背凸起；叶柄长0.5～1.0cm，基部膨大；托叶痕半圆形。花被片9，三轮，每轮3片，长3.5cm，长倒卵状椭圆形，肉质，浅黄色，芳香，径6～7cm。2～3月开花，未见结实。'转转'与近似品种比较的主要不同点如下表。

| 性状 | '转转' | 兰屿含笑（母本） | 云南含笑（父本） |
| --- | --- | --- | --- |
| 落叶习性 | 常绿灌木或小乔木 | 常绿乔木 | 常绿灌木或小乔木 |
| 花被片 | 肉质，浅黄色 | 肉质，浅黄色 | 肉质，白色 |
| 花径 | 6～7cm | 3～4cm | 6～7cm |
| 花期 | 2～3月 | 1～2月 | 3～4月 |
| 果期 | 未见结实 | 9～10月 | 8～9月 |

# 四季春1号

（紫荆属）

联系人：张林

联系方式：13803848626　国家：中国

**申请日：** 2013年4月1日

**申请号：** 20130027

**品种权号：** 20140049

**授权日：** 2014年6月27日

**授权公告号：** 国家林业局公告（2014年第10号）

**授权公告日：** 2014年7月15日

**品种权人：** 河南四季春园林艺术工程有限公司

**培育人：** 张林

**品种特征特性：** '四季春1号'巨紫荆，属落叶乔木，茎灰色，皮孔淡灰色，叶心形或近圆形、互生，花于3～4月在叶前开放，花冠深紫粉色，形似紫蝶，花期达25～30天之久，荚果幼嫩时绿色，后渐转红褐色，种子黑褐色。'四季春1号'与近似品种比较的主要不同点如下表。

| 性状 | 普通巨紫荆 | '四季春1号' |
|---|---|---|
| 花蕾数量 | 中 | 多 |
| 花期 | 15～20天 | 25～30天 |
| 花色 | 浅紫粉色 | 深紫粉色 |
| 结实率 | 中 | 高 |
| 种子颜色 | 黄褐色 | 黑褐色 |
| 种子千粒重 | 23.6g | 19.7g |

四季春1号　　巨紫荆　　　紫荆

四季春1号　　　巨紫荆　　　紫荆

# 娇红2号

（木兰属）

联系人：桑子阳
联系方式：13487222833　国家：中国

申请日：2012年12月3日
申请号：20120210
品种权号：20140050
授权日：2014年6月27日
授权公告号：国家林业局公告
（2014年第10号）
授权公告日：2014年7月15日
品种权人：北京林业大学、三峡
大学、五峰博翎红花玉兰科技发
展有限公司
培育人：马履一、桑子阳、陈发
菊、王罗荣、贾忠奎、贺随超、
王希群、陈文章

**品种特征特性：**'娇红2号'能够在低海拔平原地区种植和推广，可生长成高大落叶乔木，高15～20m，叶片互生有时呈螺旋状排列，正面深绿色，背面灰绿色，倒卵状椭圆形，先端圆宽，中部以下渐楔形，全缘；花芳香，单生枝顶，直立，先叶开放；花被片12个，均为花瓣状，两面红色，倒卵状，顶端圆，基部宽楔形；聚合蓇葖果，圆柱形；种子黄褐色，宽卵形；喜光，稍耐阴，忌低湿，栽植地渍水易烂根，喜肥沃、排水良好的酸性至中性土壤。'娇红2号'与相似品种'娇红1号'相比，有以下区别。

| 性状 | '娇红2号' | '娇红1号' |
|---|---|---|
| 花被片 | 12个 | 9（～11）个 |

# 墨红刘海

（山茶属）

联系人：刘炤

联系方式：021-54363369-1012　国家：中国

申请日：2010年8月23日

申请号：20100055

品种权号：20140051

授权日：2014年6月27日

授权公告号：国家林业局公告（2014年第10号）

授权公告日：2014年7月15日

品种权人：上海植物园

培育人：费建国、胡永红、张亚利、刘炤

**品种特征特性：** '墨红刘海'的母本为山茶品种'金心大红'，父本为山茶品种'墨色刘海'，采用传统杂交手段选育获得。'墨红刘海'为常绿小乔木，植株紧凑；成熟叶片浓绿色，长 6.28±0.15cm，宽 3.37±0.08cm；花为黑红色 (Red Group 53-B)，有蜡质感，半重瓣型，花瓣 15～21 枚，中型花，平均花径 7～9cm，花瓣宽圆，先端略凹，部分花瓣面有褶皱，花顶生，每个枝着生花蕾 1～2 个，开花量中等；花期 3 月初至 4 月下旬，长达 50 天以上。'墨红刘海'与对照品种母本'金心大红'比较的不同点如下表。

| 品种 | 性状 |
|---|---|
| '墨红刘海' | 花深红色，花径 7～9cm，中到大型花，花瓣数 15～21 枚，花瓣宽圆，在花径及花瓣数量上明显有别于双亲 |
| '金心大红' | 花径 7～9cm，小到中型花，花瓣数 6 枚左右，单瓣型花，花红色，着花较繁密 |

# 墨玉鳞

（山茶属）

联系人：刘炤

联系方式：021-54363369-1012　国家：中国

申请日：2010年8月23日

申请号：20100056

品种权号：20140052

授权日：2014年6月27日

授权公告号：国家林业局公告
（2014年第10号）

授权公告日：2014年7月15日

品种权人：上海植物园

培育人：费建国、胡永红、张亚
利、刘炤

**品种特征特性：**'墨玉鳞'的母本为山茶品种'金心大红'，父本为山茶品种'墨色刘海'，采用传统杂交手段选育获得。'墨玉鳞'为常绿小乔木，植株紧凑；成熟叶片浓绿色，长 6.28±0.15cm，宽 3.37±0.10cm；花黑红色 (Red Group 53-B)，有蜡质感，半重瓣型，花瓣 20～26 枚，中到大型花，平均花径 7～11cm，花瓣长卵圆形，先端略凹，瓣缘外翻，呈裂开的松果状排列；花顶生，每个枝着生花蕾 1～2 个，花量中等；花期 3 月中旬至 4 月下旬，花期 40 天左右。'墨玉鳞'与近似品种母本'金心大红'和'松子'比较的不同点如下表。

| 品种 | 性状 |
|------|------|
| '墨玉鳞' | 花黑红色，花径 7～11cm，中到大型花，花瓣数 20～26 枚，长卵圆形，先端略凹，瓣缘外转，在花径及花瓣数量上明显有别于双亲 |
| '松子' | 花鲜红色，有绒光，顶瓣偶现白色或淡桃色条纹，花型小，花瓣 20～30 枚 |
| '金心大红' | 花径 7～9cm，小到中型花，花瓣数 6 枚左右，单瓣型花，花红色，着花较繁密 |

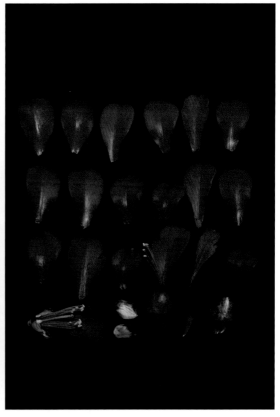

# 金钰

（枫香属）

联系人：王建军
联系方式：13600622469  国家：中国

申请日：2013年4月23日
申请号：20130042
品种权号：20140053
授权日：2014年6月27日
授权公告号：国家林业局公告
（2014年第10号）
授权公告日：2014年7月15日
品种权人：宁波市林业局林特种
苗繁育中心
培育人：王建军、章建红、严春
风、周和锋、王爱军、袁冬明、
张波

品种特征特性：'金钰'是枫香实生变异新品种，为高大乔木；树皮白色或灰白色。初生小枝金黄色，密被黄白色茸毛，木质化后呈灰褐色。冬芽棕红色，春芽嫩黄色。叶薄革质，掌状，常五裂，叶有锯齿。初生新叶橘红色或橘黄色，成熟后呈金黄色、黄色，叶柄长5～5.7cm；托叶线形黄色，与叶柄连生，长1.0～1.3cm。'金钰'与近似品种比较的主要不同点如下表。

| 性状 | '金钰' | '枫香' |
|---|---|---|
| 初生枝条颜色 | 黄色 | 紫色或浅绿色 |
| 木栓化枝条颜色 | 灰白色 | 灰褐色 |
| 春季新叶初展颜色 | 橘红色或橘黄色 | 浅紫色或浅绿色 |
| 春季成熟叶片颜色 | 金黄色或黄色 | 绿色或浅绿色 |
| 夏季新叶初展颜色 | 黄白色 | 浅绿色 |
| 夏季成熟叶片颜色 | 浅黄色 | 深绿色 |
| 托叶 | 金黄色，与叶柄连生 | 浅绿色，游离或与叶柄连生 |

中国林业植物授权新品种（2014）

53

# 御黄

（樟属）

联系人：王建军

联系方式：13600622469　国家：中国

**申请日**：2013年4月23日

**申请号**：20130043

**品种权号**：20140054

**授权日**：2014年6月27日

**授权公告号**：国家林业局公告（2014年第10号）

**授权公告日**：2014年7月15日

**品种权人**：宁波市林业局林特种苗繁育中心

**培育人**：王建军、黄华宏、王爱军、周和锋、张波、李修鹏

**品种特征特性**：'御黄'是'涌金'自然杂交的种子播种后培育的新品种，为高大乔木，树皮黄色或棕色。小枝红色。叶近革质，狭长形，长10～11cm，宽4.5～5.5cm，新叶纯鹅黄色，成熟后呈黄色或浅黄色。'御黄'与近似品种比较的主要不同点如下表。

| 性状 | '涌金' | '御黄' |
|---|---|---|
| 初生枝条颜色 | 嫩黄色 | 红色 |
| 春芽形状 | 细长 | 粗壮 |
| 春芽颜色 | 嫩黄色 | 淡红色 |
| 春季新叶初展颜色 | 金黄色 | 鹅黄色 |
| 夏季成熟叶片颜色 | 浅黄色 | 浅绿色 |
| 叶形 | 卵形（长6～8cm，宽4～5cm） | 狭长形（长8～10cm，宽4～5cm） |
| 叶柄与枝柄基部 | 有明显的凸起红色环 | 有明显的凸起紫色环 |

# 梦缘

（含笑属）

联系人：童杰洁
联系方式：0571-63320561　国家：中国

申请日：2013年2月4日
申请号：20130012
品种权号：20140055
授权日：2014年6月27日
授权公告号：国家林业局公告
（2014年第10号）
授权公告日：2014年7月15日
品种权人：中国林业科学研究院
亚热带林业研究所
培育人：邵文豪、姜景民、董汝
湘、谭梓峰、刘昭息

品种特征特性：'梦缘'为常绿乔木，树皮灰褐色；小枝无毛或嫩时被柔毛。叶薄革质，长圆状倒卵形，长9.5～17.0cm，宽3.8～6.8cm，先端短渐尖，长0.9cm，基部楔形，上面深绿色，有光泽，侧脉每边6～9条，网脉稀疏；叶柄长约1cm，无托叶痕。花梗长约0.8cm，被平伏灰色微柔毛；花被片淡黄色，其基部至顶端边缘具愈发浓烈的紫红色晕染，芳香，6片，2轮，倒卵状椭圆形，平均长3.2cm，宽1.3cm；雄蕊26～31枚。花期3～4月。'梦缘'与亲本比较的主要不同点如下表。

| 性状 | '梦缘' | 乐昌含笑（♀） | 紫花含笑（♂） |
|---|---|---|---|
| 花被片颜色 | 基部至顶端边缘具紫红色晕染 | 淡黄色 | 紫红或深紫色 |
| 花被片大小 | 长约3.2cm 宽约1.3cm | 长约3.0cm 宽约1.5cm | 长约1.9cm 宽约0.7cm |
| 雄蕊群颜色 | 浅紫红色 | 黄褐色 | 紫红或深紫色 |
| 雄蕊数 | 26～31枚 | 35～43枚 | 21～28枚 |
| 树型 | 乔木 | 乔木 | 灌木 |

# 梦星

（含笑属）

联系人：童杰洁

联系方式：0571-63320561　国家：中国

申请日：2013年2月4日

申请号：20130013

品种权号：20140056

授权日：2014年6月27日

授权公告号：国家林业局公告
（2014年第10号）

授权公告日：2014年7月15日

品种权人：中国林业科学研究院
亚热带林业研究所

培育人：邵文豪、姜景民、董汝
湘、谭梓峰、刘昭息

**品种特征特性：**'梦星'为常绿乔木，树皮灰褐色；小枝无毛或嫩时被柔毛。叶薄革质，长圆状倒卵形，长12.0～16.3cm，宽4.0～6.2cm，先端短渐尖，长0.75cm，基部楔形，上面深绿色，有光泽，侧脉每边6～8条，网脉稀疏；叶柄长约1cm，无托叶痕。花梗较短，长约0.6cm，被平伏灰色微柔毛；花被片淡黄色具淡紫色细密斑点，芳香，6片，2轮，倒卵状长椭圆形，平均长3.0cm，宽1.1cm；雄蕊数较多，35～38枚。花期3～4月。'梦星'与亲本比较的主要不同点如下表。

| 性状 | '梦星' | 乐昌含笑（♀） | 紫花含笑（♂） |
|---|---|---|---|
| 花被片颜色 | 淡黄色具淡紫色细密斑点 | 淡黄色 | 紫红或深紫色 |
| 花被片大小 | 长约3.0cm 宽约1.1cm | 长约3.0cm 宽约1.5cm | 长约1.9cm 宽约0.7cm |
| 雄蕊数 | 35～38枚 | 35～43枚 | 21～28枚 |
| 树型 | 乔木 | 乔木 | 灌木 |

# 梦紫

（含笑属）

联系人：童杰洁

联系方式：0571-63320561　国家：中国

申请日：2013年2月4日

申请号：20130014

品种权号：20140057

授权日：2014年6月27日

授权公告号：国家林业局公告
（2014年第10号）

授权公告日：2014年7月15日

品种权人：中国林业科学研究院
亚热带林业研究所

培育人：姜景民、邵文豪、董汝
湘、谭梓峰、刘昭息

**品种特征特性**：'梦紫'为常绿乔木，树皮灰褐色；小枝无毛或嫩时被柔毛。叶薄革质，长圆状倒卵形，长 10.2～16.8cm，宽 4.0～6.5cm，先端短渐尖，长 0.9cm，基部楔形，上面深绿色，有光泽，侧脉每边 7～9 条，网脉稀疏；叶柄长约 1cm，无托叶痕。花梗较短，长约 0.5cm，被平伏灰色微柔毛；花被片紫红色，芳香，6 片，2 轮，倒卵状椭圆形，平均长 3.0cm，宽 1.5cm；雄蕊 28～30 枚。花期 3～4 月。'梦紫'与亲本比较的主要不同点如下表。

| 性状 | '梦紫' | 乐昌含笑（♀） | 紫花含笑（♂） |
|---|---|---|---|
| 花被片颜色 | 紫红色 | 淡黄色 | 紫红或深紫色 |
| 花被片大小 | 长约3.0cm<br>宽约1.5cm | 长约3.0cm<br>宽约1.5cm | 长约1.9cm<br>宽约0.7cm |
| 雄蕊群颜色 | 紫红色 | 黄褐色 | 紫红或深紫色 |
| 雄蕊数 | 28～30枚 | 35～43枚 | 21～28枚 |
| 树型 | 乔木 | 乔木 | 灌木 |

# 森禾红丽

（拟单性木兰属）

联系人：范文锋
联系方式：0571-28931732　国家：中国

申请日：2012年9月25日
申请号：20120147
品种权号：20140058
授权日：2014年6月27日
授权公告号：国家林业局公告
（2014年第10号）
授权公告日：2014年7月15日
品种权人：浙江森禾种业股份有限公司
培育人：郑勇平

**品种特征特性：**‘森禾红丽’是由实生苗选育获得。常绿乔木，嫩叶红色，托叶浅粉色，一年两次抽梢，春秋两季红色叶期，极具观赏性；成熟叶革质，正面深绿色，有蜡质层，有光泽，全缘，托叶与叶柄不连生，无托叶痕；叶片椭圆形，叶长6.0～11.0cm，叶宽3.0～5.0cm，叶柄长1.0～2.0cm，叶尖渐尖，叶基楔形，沿叶柄下延，两面无毛。‘森禾红丽’与近似品种比较的主要不同点如下表。

| 性状 | ‘森禾红丽’ | 乐东拟单性木兰 |
|---|---|---|
| 嫩叶颜色 | 红色 | 黄绿色 |
| 托叶颜色 | 浅粉色 | 浅黄色 |
| 成熟叶颜色 | 深绿色 | 绿色 |

‘森禾红丽’

对照

# 替码明珠

## （板栗）

联系人：王广鹏
联系方式：13031867896　国家：中国

申请日：2013年5月7日

申请号：20130053

品种权号：20140059

授权日：2014年6月27日

授权公告号：国家林业局公告（2014年第10号）

授权公告日：2014年7月15日

品种权人：河北省农林科学院昌黎果树研究所

培育人：王广鹏、孔德军、刘庆香、张树航、王红梅、李海山

**品种特征特性：**'替码明珠'是通过实生选优的方法从实生板栗树中选出的新品种，为叶乔木，植株树体矮小，树姿半开张；树干灰褐色；结果母枝健壮，每果枝平均着生刺苞1.8个，次年母枝平均抽生结果新梢1.5条，结果枝率100%；叶片浓绿色，长椭圆形，叶柄黄绿色；每果枝平均着生雄花序9.12条，花形下垂；刺苞椭圆形，成熟时十字形开裂，平均苞重44.0g，出实率31.0%；坚果椭圆形，深褐色，油亮，茸毛较多，平均单粒重8.41g；果肉淡黄色，口感细糯，风味香甜。果实成熟期9月12日。'替码明珠'与近似品种比较的主要不同点如下表。

| 性状 | '替码明珠' | '替码珍珠' | '早丰' |
|---|---|---|---|
| 结果枝率 | 100% | 20%～30% | 0 |
| 花形 | 下垂 | 直立 | 直立 |
| 坚果茸毛 | 较多 | 少 | 少 |
| 成熟期 | 9月12日 | 9月17日 | 9月3日 |

'替码明珠'

对照

# 京华旭日

（芍药属）

联系人：成仿云

联系方式：13651133896/010-62338027　国家：中国

申请日：2012年11月20日

申请号：20120176

品种权号：20140060

授权日：2014年6月27日

授权公告号：国家林业局公告
（2014年第10号）

授权公告日：2014年7月15日

品种权人：北京林业大学

培育人：成仿云、钟原、杜秀
娟、高静、曹羲君

**品种特征特性：**'京华旭日'是用母本'粉云飞荷'芍药、父本'金帝'牡丹杂交培育获得。植株生长旺盛，株高可达1m以上，枝叶繁茂。生物学特性明显兼有牡丹与芍药的杂种特性，株丛类似多年生地下芽植物，但在近基部常形成木质茎，并在叶腋内形成花芽，能作为接穗使用；花期介于牡丹与芍药之间；单枝开花2～3朵，顶花直立于叶丛之上，开花早，侧花蕾开花较晚，花梗随着花蕾发育逐渐伸长、变直变硬。二回三出复叶，小叶9枚，排列致密，叶色浓绿。花鲜亮红色，有不规则黄色或紫色放射状条斑，后期花色变紫变浅、亮度变浅；单瓣型或荷花型，花瓣3～4轮排列，由外向内略变小，边缘明显内卷，基部有紫红色斑晕。雄蕊少、个别瓣化，花药金黄色、很少有花粉形成，花丝伸长、淡黄色；心皮5枚，蓇葖果正常发育，但内部胚珠败育，不形成种子；柱头红色，房衣红色、包被心皮基部4/5。单花花期6～7天，单株花期12～15天。'京华旭日'与近似品种比较的主要不同点如下表。

| 性状 | '京华旭日' | '和谐' |
|---|---|---|
| 花色与色斑 | 花鲜亮红色，有不规则黄色或紫色放射状条斑，花瓣基部有紫红色斑晕 | 花浅紫红色，无杂色，花瓣基部有黑紫色斑 |
| 花丝颜色 | 黄色 | 白色 |
| 雌蕊 | 心皮5枚，柱头、房衣红色，房衣包被心皮约4/5 | 心皮3～5个，柱头紫红色、房衣乳白色，房衣包被心皮约1/3 |

# 京俊美

（芍药属）

联系人：成仿云
联系方式：13651133896/010-62338027　国家：中国

申请日：2012年11月20日
申请号：20120180
品种权号：20140061
授权日：2014年6月27日
授权公告号：国家林业局公告
（2014年第10号）
授权公告日：2014年7月15日
品种权人：北京林业大学
品种权人：成仿云、刘玉英、王
荣、钟原、王越岚

**品种特征特性：**'京俊美'是用母本'粉云飞荷'芍药、父本'金帝'牡丹杂交培育获得。植株生长旺盛，生物学特性明显兼有牡丹与芍药之杂种特性，株丛类似多年生地下芽植物，但在近基部常形成一定长度的木质茎，并在叶腋内形成花芽，能作为接穗使用；花期介于牡丹与芍药之间。花单生于枝顶端，或常有1～2枚侧蕾，在顶花进入谢花期时开始开放。二回三出复叶，小叶9枚，顶小叶深裂，叶裂片渐尖，为长形叶形；叶背无毛，柄凹绿色。花乳黄色、单瓣型，花瓣基部有显著棕红色斑，似红梅盛开；雄蕊少，花丝淡黄色、不规则伸长，花药瘦小，无可育花粉形成；心皮5枚，柱头、房衣乳黄色，房衣近全包；蓇葖果发育正常，但不形成可育种子。单花花期6～7天，花序花期10～15天。'京俊美'与近似品种比较的主要不同点如下表。

| 品种 | 花色 | 花瓣基部斑块 | 花丝颜色 | 雌蕊 |
|---|---|---|---|---|
| '京俊美' | 乳黄色 | 棕红色斑 | 淡黄色 | 心皮5枚，柱头、房衣乳黄色，房衣近全包 |
| '和谐' | 浅紫红色 | 黑紫色斑 | 白色 | 心皮3～5个，柱头紫红、房衣乳白色，房衣包被心皮约1/3 |

# 京华朝霞

## （芍药属）

联系人：成仿云
联系方式：13651133896/010-62338027　国家：中国

申请日：2012年11月20日
申请号：20120179
品种权号：20140062
授权日：2014年6月27日
授权公告号：国家林业局公告
（2014年第10号）
授权公告日：2014年7月15日
品种权人：北京林业大学
培育人：成仿云、钟原、曹羲
君、王莹

**品种特征特性：** '京华朝霞'是用母本 '粉云飞荷'芍药、父本'金帝'牡丹杂交培育获得。植株生长旺盛，生物学特性明显兼有牡丹与芍药的杂种特性，株丛类似多年生地下芽植物，但在近基部常形成一定长度的木质茎，并在叶腋内形成花芽，能作为接穗使用；花期介于牡丹与芍药之间；花单生于枝顶端，或常有1～2枚侧蕾，在顶花进入谢花期时开始开放，使单株花期延长。二回三出复叶，小叶9，顶小叶深裂，叶背脉处有毛，柄凹紫红色。花复色、单瓣型，花径较小；花瓣颜色以淡红色为主，从花心向外有不规则淡紫色或黄色放射状条纹；雄蕊排列不整齐，花丝黄色、常明显延长生长，花药金黄色、无花粉；心皮5枚，柱头与房衣淡红色，房衣包被心皮约1/2；蓇葖果发育正常，但不形成可育种子。单花花期7天左右，单株花期12～15天。'京华朝霞'与近似品种比较的主要不同点如下表。

| 性状 | '京华朝霞' | '和谐' |
|---|---|---|
| 花色 | 复色、以淡红色为主，从花心向外有不规则淡紫色或黄色放射状条纹 | 浅紫红色，无杂色 |
| 花瓣基部斑块 | 无色斑 | 黑紫色斑 |
| 花丝颜色 | 黄色 | 白色 |
| 雌蕊 | 心皮5枚，柱头、房衣红色，房衣包被心皮约1/2 | 心皮3～5个，柱头紫红、房衣乳白色，房衣包被心皮约1/3 |

# 京桂美

（芍药属）

联系人： 成仿云
联系方式： 13651133896/010-62338027　国家：中国

申请日：2012年11月20日
申请号：20120181
品种权号：20140063
授权日：2014年6月27日
授权公告号：国家林业局公告
（2014年第10号）
授权公告日：2014年7月15日
品种权人：北京林业大学
培育人：成仿云、何桂梅、钟原、高静

**品种特征特性：**'京桂美'是用母本'粉云飞荷'芍药、父本'金帝'牡丹杂交培育获得。植株生长旺盛，高80cm，枝叶繁茂，其生物学特性明显兼有牡丹与芍药之间的杂种特性，株丛类似多年生地下芽植物，但在近基部常形成一定长度的木质茎，并在叶腋内形成花芽，能作为接穗使用；花期介于牡丹与芍药之间；开花枝由近地表的地下芽生长发育形成。单枝开花2~3朵，顶花直立于叶丛之上，花梗直立，开花较侧花蕾早；随着顶花开花，侧花蕾快速发育，同时花梗伸长变直变硬，开花于叶丛之上。二回三出复叶，小叶9枚，排列致密，叶色浓绿；顶小叶全裂，中裂片深裂。花红色，荷花型，花瓣排列为3~5层，瓣缘略内卷，瓣基部有显著紫红斑、排列整齐；雄蕊数量减少，花药变小、无可育花粉，花丝淡黄色、细软、不规则伸长；心皮一般为5枚，蓇葖果正常发育，但不形成种子；柱头与房衣均红色，房衣包被心皮基部4/5。单花花期6~7天，单株花期12~15天。'京桂美'与近似品种比较的主要不同点如下表。

| 品种 | 花色 | 花瓣基部斑块 | 花丝颜色 | 雌蕊 |
|---|---|---|---|---|
| '京桂美' | 红色 | 紫红斑 | 黄色 | 心皮5枚，柱头、房衣红色，房衣包被心皮约4/5 |
| '和谐' | 浅紫红色 | 黑紫色斑 | 白色 | 心皮3~5个，柱头紫红，房衣乳白色，房衣包被心皮约1/3 |

# 京蕊黄

（芍药属）

联系人：成仿云

联系方式：13651133896/010-62338027　国家：中国

申请日：2012年11月20日

申请号：20120182

品种权号：20140064

授权日：2014年6月27日

授权公告号：国家林业局公告
（2014年第10号）

授权公告日：2014年7月15日

品种权人：北京林业大学

培育人：成仿云、高静、钟原、
刘玉英

**品种特征特性：** '京蕊黄'是用母本'粉云飞荷'芍药、父本'金帝'牡丹杂交培育获得。植株生长旺盛，生物学特性明显兼有牡丹与芍药之杂种特性，株丛类似多年生地下芽植物，但在近基部常形成一定长度的木质茎，并在叶腋内形成花芽，能作为接穗使用；花期介于牡丹与芍药之间；开花枝由近地表的地下芽生长发育形成。花单生于枝顶端，或常有1~2枚侧蕾，在顶花进入谢花期时开始开放。二回三出复叶，小叶9枚，顶小叶深裂，叶背无毛，柄凹淡红色。花淡黄色，荷花型，花瓣基部有淡红斑，花径13cm左右。雄蕊多数，花丝淡黄色、基部淡紫红色，长短不一；花药较瘦小，无花粉；常有部分雄蕊变为不育心皮，并在基部常有不规则房衣存在。花部中央心皮5或5枚以上，柱头红色，房衣淡红色。蓇葖果发育正常，但种子不全部败育。花期介于牡丹与芍药之间，单花花期6~7天，花序花期10~15天。'京蕊黄'与近似品种比较的主要不同点如下表。

| 品种 | 花型 | 花色 | 花瓣基部斑块 | 雌蕊 |
|---|---|---|---|---|
| '京蕊黄' | 荷花型 | 淡黄色 | 淡红斑 | 心皮5枚或更多，柱头、房衣红色，房衣包被心皮约1/2 |
| '和谐' | 单瓣型 | 浅紫红色 | 黑紫色斑 | 心皮3~5个，柱头紫红，房衣乳白色，房衣包被心皮约1/3 |

# 京华墨冠

（芍药属）

联系人：成仿云

联系方式：13651133896/010-62338027　国家：中国

申请日：2012年11月20日

申请号：20120184

品种权号：20140065

授权日：2014年6月27日

授权公告号：国家林业局公告
（2014年第10号）

授权公告日：2014年7月15日

品种权人：北京国色牡丹科技有
限公司、北京林业大学

培育人：成信云、成仿云

**品种特征特性：**'京华墨冠'是从栽培紫斑牡丹（*P. rockii*）杂交后代中选育获得。植株半开张，长势一般，萌蘖性强。二回羽状复叶，中型圆叶，叶色浅绿，小叶排列稀疏，质地一般。花紫黑色，皇冠型；花头直立或略侧垂，花径中偏大。外花瓣平直舒展、宽阔整齐，内瓣常卷曲结绣或排列整齐；瓣基部有中等大小菱形或椭圆形黑色色斑。雄蕊较少，部分瓣化、少量发育正常、腰金、点金、花丝黑红色；心皮5枚，发育正常，房衣白色、半包或残存，柱头淡黄色。花期早，花浓香，少量结实。'京华墨冠'与近似品种比较的主要不同点如下表。

| 性状 | '京华墨冠' | '黑天鹅' |
|---|---|---|
| 花型 | 皇冠型 | 菊花型 |
| 花瓣基部斑块 | 中等大小菱形或椭圆形黑色色斑 | 基部色斑大，黑色 |
| 雄蕊数量 | 少量正常雄蕊存在，大部分完全瓣化 | 雄蕊正常，偶见瓣化 |
| 雌蕊 | 房衣与柱头为白色 | 花丝、房衣、柱头均为红色 |

# 京华晴雪

（芍药属）

联系人：成仿云

联系方式：13651133896/010-62338027 国家：中国

申请日：2012年11月20日

申请号：20120185

品种权号：20140066

授权日：2014年6月27日

授权公告号：国家林业局公告
（2014年第10号）

授权公告日：2014年7月15日

品种权人：北京林业大学、北京
国色牡丹科技有限公司

培育人：成仿云、成信云、袁军
辉、陶熙文

**品种特征特性：**'京华晴雪'是从栽培紫斑牡丹（*P. rockii*）与'凤丹白'（*P. ostii*）杂交后代中选育获得。植株直立，长势强，萌蘖性强。二回羽状复叶，中型长叶，小叶 13 枚，全缘、披针形，具有典型凤丹牡丹特征。花纯白色，单瓣型，淡香，花头直立；花瓣基部色斑中等大小、棕红色、卵圆形；雌雄蕊正常，花药多、发育正常，排列整齐，花丝紫红色；雌蕊袒露，房衣紫红色，全包；心皮 5 枚，发育正常，柱头粉红色。花期中；结实多。'京华晴雪'与近似品种比较的主要不同点如下表。

| 性状 | '京华晴雪' | '雪海丹心' |
|---|---|---|
| 叶片 | 小叶 13 枚，全缘 | 小叶 15 枚以上，多浅裂 |
| 花瓣基部斑块 | 棕红色，卵圆形 | 紫红色，倒卵形 |
| 雌蕊 | 房衣紫红色，柱头粉红 | 房衣红色，柱头红色 |

# 京龙望月

（芍药属）

联系人：成仿云

联系方式：13651133896/010-62338027　国家：中国

**申请日**：2012年11月20日

**申请号**：20120186

**品种权号**：20140067

**授权日**：2014年6月27日

**授权公告号**：国家林业局公告
（2014年第10号）

**授权公告日**：2014年7月15日

**品种权人**：北京国色牡丹科技有限公司、北京林业大学

**培育人**：成信云、成仿云、陶熙文、钟原

**品种特征特性**：'京龙望月'是从栽培紫斑牡丹（*P. rockii*）杂交后代中选育获得。植株半开张，长势强，萌蘖性强。二回羽状复叶，小叶较小，叶缘多裂，小叶裂片再浅裂，具有典型紫斑牡丹特征；小叶排列稀疏，边缘稍内卷，具褐晕。花紫黑色，荷花型；花头直立，花径中。花瓣舒展、斜举；瓣基部色斑大小中等、圆形、黑色。雄蕊多，发育正常，花丝紫红色；心皮5枚，发育正常，房衣紫红色、半包，柱头粉红色。花期早，花浓香，结实多。'京龙望月'与近似品种比较的主要不同点如下表。

| 品种 | '京龙望月' | '黑旋风' |
|---|---|---|
| 花型 | 荷花型 | 单瓣型 |
| 花瓣姿态 | 斜举 | 平展 |
| 雌蕊 | 房衣半包，柱头粉红色 | 房衣全包，柱头紫红色 |

# 京墨洒金

### （芍药属）

联系人：成仿云

联系方式：13651133896/010-62338027　国家：中国

申请日：2012年11月20日

申请号：20120187

品种权号：20140068

授权日：2014年6月27日

授权公告号：国家林业局公告
（2014年第10号）

授权公告日：2014年7月15日

品种权人：北京林业大学、北京
国色牡丹科技有限公司

培育人：成仿云、成信云、陶熙
文、钟原

**品种特征特性：**'京墨洒金'是从栽培紫斑牡丹（*P. rockii*）杂交后代中选育获得。植株直立，长势强，成年植株高在1.2m以上；嫩枝较长，萌蘖性强。二回羽状复叶，中型圆叶，小叶15～20枚、三裂，卵状椭圆形。花深紫红色，花型为皇冠型，但因栽培条件不同常出现托桂型、菊花型以及荷花型等各种花型。花头直立，花径大；花瓣排列整齐，外瓣大而舒展，内瓣瓣端常有残存花药（点金）；花瓣基部色斑菱形、紫红、大而显著。雄蕊残存，部分发育正常、藏于内花瓣间（藏金），花丝紫红色；多数完全瓣化，仅在瓣端残存、无花粉形成；雌蕊微显或隐含，心皮5枚，发育正常或败育，房衣残存，柱头粉红色。花期早，花香明显。常结实。'京墨洒金'与近似品种比较的主要不同点如下表。

| 性状 | '京墨洒金' | '紫朱砂' |
|---|---|---|
| 花姿 | 直立 | 侧垂或直立 |
| 瓣端金黄色花药 | 多残留 | 偶尔残留 |
| 雌蕊 | 房衣残存，柱头粉红色 | 房衣完整，柱头紫红色 |

# 京雪飞虹

（芍药属）

联系人：成仿云

联系方式：13651133896/010-62338027　国家：中国

申请日：2012年11月20日

申请号：20120188

品种权号：20140069

授权日：2014年6月27日

授权公告号：国家林业局公告（2014年第10号）

授权公告日：2014年7月15日

品种权人：北京林业大学、北京国色牡丹科技有限公司

培育人：成仿云、钟原、成信云、于海萍

**品种特征特性：**'京雪飞虹'是用栽培紫斑牡丹（*P. rockii*）与'凤丹白'（*P. ostii*）杂交选育获得。株型直立，植株（3年生嫁接苗）株高72cm，长势强，嫩枝长32.5cm；萌蘖性弱。二回羽状复叶，长35cm、宽24cm；小叶13～15枚，卵状披针形，全缘。花纯白色，单瓣型，淡香，花头直立；花瓣基部有菱形紫红色斑、边缘辐射状；雄蕊较多，发育正常，排列整齐，花丝紫红色；雌蕊袒露，房衣淡紫色，全包；心皮5枚，发育正常，柱头粉色。花期中；结实。'京雪飞虹'与近似品种比较的主要不同点如下表。

| 性状 | '京雪飞虹' | '雪海丹心' |
|---|---|---|
| 叶片 | 小叶13～15枚，全缘 | 小叶15枚以上，多浅裂 |
| 花瓣基部斑块形状 | 菱形 | 倒卵形 |
| 雌蕊 | 房衣淡紫色，柱头浅粉色 | 房衣红色，柱头红色 |

# 京玉美

（芍药属）

联系人：成仿云

联系方式：13651133896/010-62338027　国家：中国

申请日：2012年11月20日

申请号：20120189

品种权号：20140070

授权日：2014年6月27日

授权公告号：国家林业局公告
（2014年第10号）

授权公告日：2014年7月15日

品种权人：北京林业大学、北京
国色牡丹科技有限公司

培育人：钟原、成仿云、陶熙
文、张栋

**品种特征特性：**'京玉美'是用栽培紫斑牡丹（*P. rockii*）与'凤丹白'（*P. ostii*）杂交选育获得。株型直立，株高94cm，长势一般，萌蘖性弱，嫩枝长24cm。二回羽状复叶，长26cm、宽22cm，小叶11～15枚，卵状椭圆形或披针形，叶缘多全缘。花白色，单瓣型，淡香，花姿直立；花瓣基部有显著圆形紫红色斑，常离基分布，排列恰似红梅盛开；雄蕊多数，发育正常，花丝粉色；雌蕊袒露，房衣淡红紫色，半包；心皮5枚，发育正常，柱头红色；花期中；结实。'京玉美'与近似品种比较的主要不同点如下表。

| 性状 | '京玉美' | '雪海丹心' |
|---|---|---|
| 叶片 | 小叶11～15枚，全缘 | 小叶15枚以上，多浅裂 |
| 花瓣基部紫斑排列 | 离基排列呈梅花状 | 不离基排列 |
| 房衣 | 房衣淡红紫色，半包 | 房衣红色，全包 |

# 京玉天成

（芍药属）

联系人：成仿云
联系方式：13651133896/010-62338027　国家：中国

**申请日**：2012年11月20日
**申请号**：20120190
**品种权号**：20140071
**授权日**：2014年6月27日
**授权公告号**：国家林业局公告
（2014年第10号）
**授权公告日**：2014年7月15日
**品种权人**：北京林业大学、北京国色牡丹科技有限公司
**培育人**：成仿云、钟原、成信云、张栋

**品种特征特性**：'京玉天成'是从栽培紫斑牡丹（*P. rockii*）的杂交后代选育获得。株型直立，5年生嫁接苗株高80cm以上，长势强，萌蘖性弱，嫩枝长35cm。二至三回羽状复叶，中型圆叶，小叶17～19枚。花乳白色，花头直立，花型多变，为托桂型、蔷薇型或荷花型，花有淡香；外轮花瓣大而舒展，瓣基部有特大圆形紫红色斑，与白色花瓣形成鲜明对比，瓣被色斑明显并具有白色中肋；雄蕊较多，花丝紫红色，多数发育正常，少数不同程度瓣化，形成各种形态的内花瓣，导致花型不同。雌蕊袒露，房衣白色，全包；心皮5枚，发育正常，柱头白色；花期中；结实。'京玉天成'与近似品种比较的主要不同点如下表。

| 性状 | '京玉天成' | '玉狮子' |
|---|---|---|
| 植株形态 | 直立 | 开张或半开张 |
| 叶片 | 二至三回羽状复叶，小叶17～19枚 | 二回羽状复叶，小叶15枚 |
| 雄蕊瓣化瓣形态 | 多种形态的内瓣 | 条形内瓣 |

# 京云冠

## （芍药属）

联系人：成仿云
联系方式：13651133896/010-62338027　国家：中国

申请日：2012年11月20日
申请号：20120191
品种权号：20140072
授权日：2014年6月27日
授权公告号：国家林业局公告
（2014年第10号）
授权公告日：2014年7月15日
品种权人：北京国色牡丹科技有
限公司、北京林业大学
培育人：成信云、成仿云

**品种特征特性：**'京云冠'是从栽培紫斑牡丹（*P. rockii*）的杂交后代选育获得。植株直立，长势强；嫩枝长，萌蘖性强。二回羽状复叶，小型圆叶，小叶15枚，排列稀疏，质地较薄。花色纯白，皇冠型，花头直立，花径中等大小。花瓣大而舒展、排列整齐，瓣缘齿裂，瓣基部色斑菱形、紫红色、较小。雄蕊较少，藏金，花丝紫红色；心皮数量不定，常瓣化，房衣近消失。花期中，花香明显。不结实。'京云冠'与近似品种比较的主要不同点如下表。

| 性状 | '京云冠' | '玉瓣绣球' |
|---|---|---|
| 叶片 | 小型圆叶 | 中型长叶 |
| 花瓣基部色斑 | 菱形、较小 | 菱形及其他形状、中等大小 |
| 雌蕊 | 心皮瓣化、不结实 | 心皮正常或败育、结实 |

# 京云香

（芍药属）

联系人：成仿云
联系方式：13651133896/010-62338027　国家：中国

申请日：2012年11月20日
申请号：20120192
品种权号：20140073
授权日：2014年6月27日
授权公告号：国家林业局公告
（2014年第10号）
授权公告日：2014年7月15日
品种权人：北京林业大学、北京
国色牡丹科技有限公司
培育人：成信云、成仿云

品种特征特性：'京云香'是从栽培紫斑牡丹（*P. rockii*）的杂交后代选育获得。植株直立，长势强，植株高大（1.7m以上）；嫩枝长，萌蘖性一般。二至三回羽状复叶，大型圆叶，小叶数量多。花色纯白，为皇冠型，花头直立，花径大。花瓣大而舒展、质地厚重、排列整齐，瓣基部有椭圆形、大而显著的棕红色色斑。雄蕊无或残存，残存花丝白色、无花粉；雌蕊微显或隐含，心皮5枚，发育正常或败育，房衣白色、半包，柱头白色。花期晚，花香明显。结实少。'京云香'与近似品种比较的主要不同点如下表。

| 性状 | '京云香' | '白玉楼' |
|---|---|---|
| 花径 | 较大 | 中偏小 |
| 花瓣 | 外瓣平伸、质地厚重、内瓣平展轻皱，排列整齐 | 外瓣微垂、质地较轻薄、内瓣多皱 |
| 雌雄蕊 | 多无雄蕊，房衣半包 | 雄蕊多残存，房衣残存 |

# 京韵玫

## (芍药属)

联系人：托马斯·洛夫勒

联系方式：0049-41227084　国家：德国

申请日：2012年11月20日

申请号：20120193

品种权号：20140074

授权日：2014年6月27日

授权公告号：国家林业局公告（2014年第10号）

授权公告日：2014年7月15日

品种权人：北京林业大学、北京国色牡丹科技有限公司

培育人：成信云、成仿云

**品种特征特性：**'京韵玫'是从栽培紫斑牡丹（*P. rockii*）的杂交后代选育获得。植株直立或半开张，长势强，嫩枝长，萌蘖性强。二回羽状复叶，小型圆叶，小叶15枚，叶色深绿，排列稀疏，质地一般。花紫红色，蔷薇型，花头直立，花径中等大小。花瓣大而质地厚重，呈波浪皱褶状，排列整齐，瓣缘齿裂；瓣基部色斑紫红色、中等大小；瓣背基部中央有显著白色肋斑。雄蕊常消失；心皮5枚，发育正常；房衣粉红色、半包，柱头红色。花期中偏晚，花香，结实。'京韵玫'与近似品种比较的主要不同点如下表。

| 性状 | '京韵玫' | '高原圣火' |
|---|---|---|
| 花色 | 紫红色，较深 | 鲜红色，光泽明显 |
| 花瓣基部色斑 | 基部色斑中等大小、紫红色 | 基部色斑大、棕红色 |
| 雌雄蕊 | 雄蕊常消失，房衣与柱头颜色淡 | 雄蕊常残存，房衣与柱头颜色重 |

# 京紫知心

(芍药属)

联系方式：13651133896/010-62338027　国家：中国

申请日：2012年11月20日
申请号：20120194
品种权号：20140075
授权日：2014年6月27日
授权公告号：国家林业局公告
（2014年第10号）
授权公告日：2014年7月15日
品种权人：北京林业大学、北京
国色牡丹科技有限公司
培育人：成仿云、钟原、成信
云、高平

**品种特征特性**：'京紫知心'是用栽培紫斑牡丹( *P. rockii* )与'凤丹白'（ *P. ostii* ）杂交选育获得。株形半开张，3年生嫁接苗株高60cm以上，长势强，萌蘖性弱，嫩枝较短。二回羽状复叶，小叶15枚，卵状椭圆形、常全缘、中形圆叶。花粉蓝紫色，荷花型，淡香，花头直立；花瓣大而舒展，2~3轮排列，瓣端颜色较浅，瓣基部有显著椭圆形紫红色斑、边缘辐射状；雄蕊多数，发育正常，花丝紫红色；雌蕊袒露，房衣紫红色，全包；心皮5，发育正常，柱头紫红色。花期中；结实多。'京紫知心'与近似品种比较的主要不同点如下表。

| 性状 | '京紫知心' | '粉金玉' |
|---|---|---|
| 植株形态 | 半开张 | 直立 |
| 花色 | 粉蓝紫色 | 深粉色 |
| 房衣与柱头颜色 | 红色 | 白色 |

中国林业植物授权新品种（2014）

75

# 京醉美

## (芍药属)

联系人： 成仿云

联系方式： 13651133896/010-62338027　国家：中国

申请日：2012年11月20日
申请号：20120195
品种权号：20140076
授权日：2014年6月27日
授权公告号：国家林业局公告
（2014年第10号）
授权公告日：2014年7月15日
品种权人：北京国色牡丹科技有限公司、北京林业大学
培育人：成信云、成仿云

**品种特征特性：** '京醉美'是从栽培紫斑牡丹（P. rockii）的杂交后代选育获得。植株直立，长势强；嫩枝长，萌蘖性强。二回羽状复叶，小型圆叶，小叶15枚或以上，排列均匀，质地较厚。花粉红色，皇冠型、绣球型；花头直立，花径中偏大。花瓣宽阔整齐，质地厚重，颜色随着初花、盛花到谢花的过程由浅变深再变浅，瓣基部有大型紫红色色斑。少量发育正常雄蕊在花心正常着生，花丝紫红色；心皮5枚，房衣白色、半包，柱头白色。花期中，花香，结实性弱。'京醉美'与近似品种比较的主要不同点如下表。

| 性状 | '京醉美' | '醉桃' |
| --- | --- | --- |
| 植株形态 | 植株直立、长势强 | 植株半开张、长势一般 |
| 花瓣及色斑 | 花瓣排列较紧凑，基部色斑大 | 花瓣排列较疏松，基部色斑中等大小 |
| 雌雄蕊 | 花丝紫红色；心皮5枚 | 花丝白色；心皮数量异常，常瓣化 |

76　　　　　　　　　　　中国林业植物授权新品种（2014）

# 小香妃

(芍药属)

联系人：袁涛
联系方式：15901336594　国家：中国

申请日：2013年7月3日
申请号：20130082
品种权号：20140077
授权日：2014年6月27日
授权公告号：国家林业局公告
（2014年第10号）
授权公告日：2014年7月15日
品种权人：北京林业大学、北京
东方园林股份有限公司
培育人：袁涛、王莲英、石颜
通、李清道、王福、马钧

**品种特征特性：**'小香妃'以黄牡丹为母本，栽培品种'层中笑'为父本杂交选育而成，株高70～110cm，半开展。一年生枝40～51cm，萌蘖枝少，二回三出羽状复叶，中型圆叶，小叶常9枚，斜伸；顶小叶中裂，侧小叶长卵形，叶缘缺刻尖，顶小叶渐尖。叶表面绿，叶背无毛；花蕾圆，裂口；侧蕾2～3个，且能正常开花；花橙色，RHS CC 159B；花径9～15cm，花型菊花型，花瓣基部有长圆形浅红色斑块，瓣端浅齿裂。雌雄蕊正常，花丝紫红色，花药黄色；心皮3～5个，疏被毛；柱头红色，花盘半包心皮，近革质，紫红色；花有淡香。花朵侧开，与叶丛近等高；花期较晚，5月中旬前后开花。不结实。对病虫害和寒冷干旱抗性较强。'小香妃'与其近似品种相比，主要不同点如下表。

| 性状 | '小香妃' | '香妃' |
| --- | --- | --- |
| 花瓣中下部 | 具明显斑块 | 无斑 |

# 蕉香

(芍药属)

联系人：范·多伊萨姆
联系方式：0031-343473247　国家：荷兰

**申请日**：2013年7月3日
**申请号**：20130083
**品种权号**：20140078
**授权日**：2014年6月27日
**授权公告号**：国家林业局公告
（2014年第10号）
**授权公告日**：2014年7月15日
**品种权人**：北京东方园林股份有限公司、北京林业大学
**培育人**：王莲英、袁涛、王福、李清道、马钧、石颜通

**品种特征特性**：'蕉香'以黄牡丹为母本，栽培品种'日月锦'为父本杂交选育而成，株高75～93cm，株型直立。一年生枝45～60cm，萌蘖较多，二回三出羽状复叶，小叶常11枚，中型长叶，斜伸；顶小叶全裂，侧小叶宽卵形，叶缘缺刻尖，顶小叶渐尖。叶表面绿色，有紫晕，叶背无毛；花蕾圆尖形；无侧花蕾；花瓣黄色，有橙粉色晕边，花瓣中下部有明显的大型橙红色晕，RHS CC 4B；花径7～11cm，花型菊花型，花瓣基部有圆形浅红色斑块，瓣端浅齿裂。雌雄蕊正常，花丝橙色，花药黄色；心皮较多，长多于5个，密被毛；柱头红色，花盘半包心皮，革质，橙色；花较香，香味类似香蕉。花朵侧开，与叶丛近等高；花量较大，2年生枝通常有2～3个开花枝。花期较晚，5月中下旬前后开花。不结实。抗寒抗旱、抗病虫害。'蕉香'与其近似品种相比，主要不同点如下表。

| 性状 | '蕉香' | '香妃' |
|---|---|---|
| 花色 | 花瓣黄色具橙粉色晕边，花瓣中下部有明显的大型橙红色晕 | 初开时肉粉色或橙粉色，盛开后逐渐变淡，花瓣基部具橙红色晕 |
| 花香 | 具类似香蕉的香味 | 无明显香味 |

# 山川飘香

（芍药属）

联系人：袁涛

联系方式：15901336594　国家：中国

申请日：2013年7月3日

申请号：20130084

品种权号：20140079

授权日：2014年6月27日

授权公告号：国家林业局公告
（2014年第10号）

授权公告日：2014年7月15日

品种权人：北京东方园林股份有
限公司、北京林业大学

培育人：王莲英、袁涛、石颜
通、李清道、王福、马钧

**品种特征特性：**'山川飘香'以黄牡丹为母本，栽培品种'百园红霞'为父本杂交选育而成，株高100～130cm，半开展。1年生枝60～78cm，萌蘖枝少，二回三出羽状复叶，小叶常9枚，中型圆叶，平伸；顶小叶深裂，侧小叶卵形，叶缘缺刻尖且翻卷，顶小叶锐尖。叶表面绿，叶背无毛；花蕾圆尖；花紫红色，后转为橙黄色，RHSCC 158A、39C；花径9～12cm，花型蔷薇型，花瓣基部有圆形红色斑块，瓣端浅齿裂。雄蕊部分瓣化，瓣化瓣倒卵形与花瓣同色，无花药残留；花丝紫红色后变黄色，花药黄色；心皮3～5个，密被毛；柱头淡黄色，花盘半包心皮，近革质，黄色；花香明显，花朵侧开，高于叶丛；花期较晚，5月中下旬开放。不结实。抗寒抗旱、抗病虫害。'山川飘香'与其近似品种相比，主要不同点如下表。

| 性状 | '山川飘香' | '春红娇艳' |
| --- | --- | --- |
| 花色 | 紫红色 | 浅紫红色 |
| 花香 | 浓郁 | 近无花香 |

# 大彩蝶

（芍药属）

联系人：袁涛
联系方式：15901336594 国家：中国

申请日：2013年7月3日
申请号：20130085
品种权号：20140080
授权日：2014年6月27日
授权公告号：国家林业局公告
（2014年第10号）
授权公告日：2014年7月15日
品种权人：北京东方园林股份有限公司、北京林业大学
培育人：王莲英、石颜通、王福、李清道、袁涛、马钧、谭德远

**品种特征特性：**'大彩蝶'是以黄牡丹为母本，栽培品种'日月锦'为父本杂交选育而成，株高90～120cm，株型半开展。1年生枝43～62cm，萌蘖枝少，二回三出羽状复叶，小叶常9枚，大型圆叶，斜伸；顶小叶全裂，侧小叶长卵形，叶缘缺刻尖，顶小叶渐尖。叶表面绿色，有紫晕，叶背无毛；花蕾圆尖形；无侧花蕾；花黄色，具不规则分布橙红色晕，RHSCC 12B；花径7～12cm，花单瓣型，花瓣基部有卵圆形红色斑块，瓣端浅齿裂。雌雄蕊正常，花丝橙色，花药黄色；心皮3～5个，密被毛；柱头红色，花盘粉红色，半包心皮，革质；花有淡香。花朵侧开，与叶丛近等高；花量较大，2年生枝通常有3～3个开花枝。花期晚，5月中下旬前后开花。不结实。抗病虫害、抗逆性强。'大彩蝶'与其近似品种相比，主要不同点如下表。

| 性状 | '大彩蝶' | '金袍赤胆' |
|---|---|---|
| 花色 | 黄色，具不规则分布橙红色晕 | 黄色 |
| 花瓣基部 | 具深红色斑块 | 具红色斑块 |

# 金衣漫舞

（芍药属）

联系人：袁涛
联系方式：15901336594　国家：中国

申请日：2013年7月3日
申请号：20130086
品种权号：20140081
授权日：2014年6月27日
授权公告号：国家林业局公告
（2014年第10号）
授权公告日：2014年7月15日
品种权人：北京东方园林股份有
限公司、北京林业大学
培育人：王莲英、李清道、袁涛、
王福、马钧、石颜通、谭德远

**品种特征特性：**'金衣漫舞'是以黄牡丹为母本，栽培品种'夜光杯'为父本杂交选育而成，株高85～110cm，株型直立。1年生枝41～63cm，萌蘖枝较多，二回三出羽状复叶，小叶常9枚，大型长叶，斜伸；顶小叶全裂至深裂，侧小叶长卵形，叶缘缺刻尖，顶小叶锐尖。叶表面绿，叶背无毛；花蕾圆尖；花黄色，RHSCC 7B；花径9～12cm，花型单瓣型，花瓣基部有长卵形深褐色斑块，瓣端较圆整。雌雄蕊正常；花丝紫红色，花药黄色；心皮5个，疏被毛；柱头淡黄色，花盘黄色，残存，近革质；花淡香。花梗直，具紫色晕，花朵侧开，与叶丛近等高；花期晚，5月中旬开放。不结实。抗逆性强。'金衣漫舞'与其近似品种相比，主要不同点如下表。

| 性状 | '金衣漫舞' | '金袍赤胆' |
|---|---|---|
| 花瓣基部 | 具深褐色狭长斑块，斑块周围具红晕 | 具红色放射状斑 |

# 森淼红缨

（李属）

联系人：李永华

联系方式：0951-4077321　国家：中国

申请日：2013年5月3日

申请号：20130046

品种权号：20140082

授权日：2014年6月27日

授权公告号：国家林业局公告（2014年第10号）

授权公告日：2014年7月15日

品种权人：宁夏森淼种业生物工程有限公司

培育人：沈效东、白永强、李德亮、于卫平、朱强、杜宝山、王君、赵健、徐小潮、李永华、徐美隆

**品种特征特性：**'森淼红樱'为落叶小乔木，树干皮紫灰色，小枝淡红褐色，均光滑无毛。单叶互生，叶卵圆形，长4.5～6cm，宽2～4cm，先端短尖，基部楔形，缘尖细锯齿，叶两面无毛，新叶鲜红色，老叶紫红色，叶柄光滑，叶柄长0.9～1.4cm。花期3月底至4月下旬，花单生或2朵簇生，白色。核果扁球形，果柄长1.8～2.0cm，果长2～2.2cm，果实红色，果实腹缝线上微见沟纹。'森淼红樱'与近似品种比较的主要不同点如下表。

| 品种 | 叶 | 嫩枝 | 花 | 果 |
|---|---|---|---|---|
| '森淼红樱' | 鲜红 | 幼枝淡红褐色，木质部白色 | 白色 | 红色 |
| 紫叶矮樱 | 紫红 | 幼枝红褐色，木质部红色 | 淡粉红色 | 红色 |
| 紫叶李 | 紫红 | 幼枝紫褐色，木质部白色 | 淡粉红色 | 红色 |

# 森淼文冠果1号

## （文冠果）

联系人：秦彬彬
联系方式：13909507550 国家：中国

申请日：2013年8月16日
申请号：20130128
品种权号：20140083
授权日：2014年6月27日
授权公告号：国家林业局公告
（2014年第10号）
授权公告日：2014年7月15日
品种权人：宁夏森淼种业生物工
程有限公司
培育人：王娅丽、沈效东、李永
华、王钰、南雄雄、李彬彬、田
英、陈春伶、秦彬彬、王丽

**品种特征特性：**'森淼文冠果1号'物候比同一栽培地内其他文冠果晚7～10天。与同一栽培地内的文冠果比较，'森淼文冠果1号'开花花序总数少，但可孕花较多，可孕花与开花总数之比较高。在3年生砧木上嫁接第二年开花情况与同一栽培地内其他文冠果比较，'森淼文冠果1号'开花期树体开花花序总数为其他文冠果的0.56倍，可孕花序总数为其他文冠果的1.88倍，可孕花占总花序的比例为其他文冠果的3.35倍。'森淼文冠果1号'枝条粗壮，当年生枝30～60cm，嫩枝紫红色，平滑无毛。文冠果30%左右植株当年生嫩枝浅绿色，嫩芽、果穗、叶柄等表面具短茸毛。'森淼文冠果1号'果实为穗状小球果型果实，果穗着果数量最少1个，一般结果3～7个；文冠果每果穗结果1～2个，果形有圆球形、三棱形、桃形等多样。'森淼文冠果1号'连续4年平均结果147个，是同一栽培地内文冠果的3.14倍，平均种子产量1.48kg，是文冠果的2.55倍，产量稳定，没有大小年；'森淼文冠果1号'种子较小，千粒重714.13g，是文冠果的67%；出种率、出仁率、种仁出油率分别为文冠果的0.99、1.04和1.02倍。

# 瑞雪1号

（山茶属）

联系人：王开荣
联系方式：13957827825　国家：中国

申请日：2013年11月10日
申请号：20130159
品种权号：20140084
授权日：2014年6月27日
授权公告号：国家林业局公告
（2014年第10号）
授权公告日：2014年7月15日
品种权人：宁波黄金韵茶业科技
有限公司、浙江大学
培育人：王开荣、梁月荣、张龙
杰、李明、邓隆、韩震、王荣
芬、郑新强、吴颖、王盛彬

**品种特征特性**：灌木型，树姿直立；中生偏早、小叶种，椭圆形叶，叶长、宽分别为9.6～8.4cm、4.1～5.2cm；春茶1芽1叶期为3月下旬；花期10月中旬至12月末，开花中等，结实少，花色瓣白蕊黄，雌蕊高，花柱三裂，分裂位置中等。低温敏感型白色系白化茶，白化表现稳定。春梢芽、叶、茎均能白色白化，最白时色泽呈雪白色；新梢形成驻芽，叶片成熟后，叶色开始返绿，直到6月中旬呈完全绿色；夏、秋梢芽色稍红、叶呈绿色；越冬叶色墨绿，蜡质明显，叶质厚重，叶缘平。树势健壮强于母本和'白叶1号'。'瑞雪1号'与母本'白叶1号'品种性状比较如下表。

| 对比项 | | | '瑞雪1号' | '四明雪芽' | '白叶1号' |
|---|---|---|---|---|---|
| 白化表现 | 白化温度阈值 | | 不明显 | 低于25℃ | 低于23℃ |
| | 温度上限临界叶色 | | 芽、叶、茎白色 | 芽红、茎绿、叶白 | 芽、茎绿、叶白 |
| | 典型白化色泽 | | 芽、叶、茎雪白色 | 芽、叶、茎净白色 | 芽叶白色、茎微白 |
| 植株形态 | 株型 | | 直立、高大 | 直立、高大 | 半开张、矮小 |
| | 分枝能力 | | 中 | 疏 | 密 |
| | 叶型 | 叶形、叶质 | 椭圆、质厚 | 椭圆、质中等 | 长椭圆、质稍薄 |
| | | 叶面 | 内折 | 平 | 平 |
| | | 叶缘 | 平 | 波 | 波 |
| 物候 | 春梢1叶萌展期 | | 4月初 | 4月中旬 | 4月上旬 |
| 花器 | 花柱分裂位置 | | 中 | 高 | 低 |

# 醉金红

## （山茶属）

联系人：王开荣
联系方式：13957827825 国家：中国

申请日：2013年11月10日
申请号：20130160
品种权号：20140085
授权日：2014年6月27日
授权公告号：国家林业局公告
（2014年第10号）
授权公告日：2014年7月15日
品种权人：宁波黄金韵茶业科技
有限公司、浙江大学
培育人：张龙杰、王开荣、梁月
荣、韩震、吴颖、王盛彬、邓
隆、李明、王荣芬、郑新强

**品种特征特性**：灌木型，树姿直立，树体高大，树势强盛，新梢萌展能力、伸展能力强；小叶种，长椭圆形叶，叶较大，叶长、宽分别为8.5～8.9cm、3.1～3.3cm，叶脉9～11对，叶表隆起明显；晚生种，芽型中等，春茶1芽1叶开采期为4月上旬，芽体长3.1～3.5cm；花期10月中旬至12月末，开花、结实能力中等，花朵直径小于4.0cm，雌蕊低，柱头三裂，分裂位置中等。光照敏感型、黄色系白化变异种，春、夏、秋梢1芽2叶前芽、叶色泽多呈紫红色（在气温较低时稍显红色），与母本差别明显；成熟叶色均呈金黄色或黄色，稍浅于母本，白化启动光照阈值1.5万lx，光照2.5万lx以上出现明显黄色，最大黄色程度为115c（潘东比色，下同），黄色程度稍浅于黄金芽茶；返绿较为容易，抗阳光灼伤能力较强。与'黄金芽'茶品种性状比较如下表。

| 对比项 | | | '醉金红' | '黄金芽' |
|---|---|---|---|---|
| 白化表现 | 白化色泽 | | 黄色（最黄为115c） | 黄色（最黄为113c） |
| | 白化时期 | | 各季新梢、全年 | 各季新梢、全年 |
| 植株形态 | 株型 | 形态 | 直立型、高大 | 半开张、中等 |
| | 叶型 | 叶表 | 隆起强 | 隆起中 |
| | | 叶脉 | 9～11对 | 7～8对 |
| 新梢 | 一叶萌展期 | | 4月上旬 | 3月底4月初 |
| | 二叶期芽叶色泽 | | 后期春梢、夏秋梢紫红 | 夏秋梢微红或黄 |
| 花器 | 柱头分裂位置 | | 中 | 低 |
| 抗逆能力 | 抗强光灼伤 | | 较强 | 弱 |

# 黄金甲

（山茶属）

联系人：王开荣
联系方式：13957827825  国家：中国

申请日：2013年11月10日
申请号：20130161
品种权号：20140086
授权日：2014年6月27日
授权公告号：国家林业局公告
（2014年第10号）
授权公告日：2014年7月15日
品种权人：宁波黄金韵茶业科技
有限公司、浙江大学
培育人：王开荣、梁月荣、张龙
杰、吴颖、李明、邓隆、王盛
彬、韩震、王荣芬、郑新强

左为常规品种，中为'黄金甲'

**品种特征特性：**灌木型，树姿直立，树体高大，树势强盛，新梢萌展能力、伸展能力强；中叶种，椭圆形叶，叶型大，叶长、宽分别为8.1～9.4cm、3.8～4.0cm；早生种，芽形秀长，春茶1芽1叶采开采期为3月中下旬，芽体长3.5cm；花期10月中旬至12月末，开花、结实能力良好，花朵大，直径大于4.5cm，雌蕊低，柱头三裂，分裂位置中等。光照敏感型、黄色系白化变异种，春、夏、秋梢均表现金黄色或黄色白化，成熟后也能保住黄色特征，白化启动光照阀值1.5万lx，光照2.5万lx以上出现明显黄色，最大黄色程度为115c（潘东比色，下同），成熟后黄色程度稍浅于'黄金芽'茶；持续阴雨天气、人工遮阳或自然遮阴树冠下部的新梢、成熟芽叶因返绿而呈绿色，成龄茶树树冠下部多呈绿色。与'黄金芽'茶品种性状比较如下表。

| | 对比项 | | '黄金甲' | '黄金芽' |
|---|---|---|---|---|
| 白化表现 | 黄色白化程度 | | 黄色（最黄为115c） | 黄色（最黄为113c） |
| | 黄色白化时期 | | 全年各轮新梢 | 全年各轮新梢 |
| 植株形态 | 株型 | 形态 | 直立型、高大 | 半开张、中等 |
| | 叶型 | 叶形 | 椭圆叶、中叶种 | 长椭圆叶、小叶种 |
| | | 叶面 | 先端1/2呈一大波折 | 叶缘不规则波折 |
| 新梢 | 一叶萌展期 | | 3月中下旬 | 3月底4月初 |
| | 春梢一叶期特征 | | 两侧对称背卷 | 基部背卷、先端展开 |
| 花器 | 花体大小 | | 大（>4.5cm） | 小（<4.0cm） |
| | 花萼 | | 有花青甙 | 无花青甙 |
| | 柱头分裂位置 | | 中 | 低 |

# 金添玉

（刚竹属）

联系人：郭起荣
联系方式：13718709513　国家：中国

**申请日：** 2013年12月15日
**申请号：** 20130081
**品种权号：** 20140087
**授权日：** 2014年6月27日
**授权公告号：** 国家林业局公告
（2014年第10号）
**授权公告日：** 2014年7月15日
**品种权人：** 国际竹藤中心、扬州大禹风景竹园、安吉县竹产业协会
**培育人：** 郭起荣、禹在定、禹迎春、冯云、张培新、张宏亮、陈贤喜

**品种特征特性：** '金添玉'为从乌哺鸡竹（*Phyllostachys vivax*）种内变异类群中选育而成，秆高5～15m，直径4～8cm，竹梢部下垂，微呈拱形。新秆绿色，幼竿被白粉，无毛，老秆灰绿色至淡黄绿色，有显著的纵肋；节间长25～35cm，壁厚约5mm；秆环隆起，稍高于箨环，常在一侧突出以致其竹节多少有些不对称。箨鞘背面淡黄绿色带紫或淡褐黄色，无毛，微被白粉，密被黑褐色斑块和斑点，尤其以中部较密；无箨耳及鞘口毛；箨舌弧形隆起，两则明显下延，淡棕色至棕色，边缘生细纤毛；箨片带状披针形，强烈皱曲，外翻，背面绿色，腹面褐紫色，边缘颜色较淡以至淡橘黄色。末级小枝具2或3叶；有一叶耳及鞘口毛；叶舌发达，高达3mm；叶片微下垂，较大，带状披针形或披针形，长9～18cm，宽1.2～2cm。笋期4月中下旬，花期4～5月。'金添玉'与近似品种比较的主要不同点如下：

| 性状 | '金添玉' | '黄秆乌哺鸡' | '黄纹竹' |
|---|---|---|---|
| 整秆颜色 | 整秆黄色，间有竖绿条纹；仅整个沟槽绿色 | 整秆黄色，中下部兼有1至数条宽细不一的竖绿条纹 | 整秆绿色，无黄条纹；整个沟槽黄色 |

# 陕茶1号

（山茶属）

联系人：王衍成
联系方式：13700259535　国家：中国

申请日：2013年12月15日
申请号：20130174
品种权号：20140088
授权日：2014年6月27日
授权公告号：国家林业局公告
（2014年第10号）
授权公告日：2014年7月15日
品种权人：安康市汉水韵茶业有限公司
培育人：王衍成、余有本、纪昌中、吴世明、李华海、张星显

**品种特征特性：** '陕茶1号'树型为灌木型，叶片大小为中叶类，树姿半披张状，分枝密度为密，叶色深绿，叶面隆起，光泽性强。盛花期为中，花冠直径为较大、内轮花瓣颜色为白色，雌蕊和雄蕊相对位置为偏低，子房有茸毛；发芽早，芽叶肥壮，节间长；具有嫩枝数量多、生长势好、适应性广的特点。抗寒性强；高抗炭疽病、云纹叶枯病，中抗白星病。'陕茶1号'与近似品种'紫阳'群体种比较的不同点如下表。

| 性状 | '陕茶1号' | '紫阳'群体种 |
|---|---|---|
| 叶片形状 | 长椭圆形 | 椭圆形、长椭圆形、柳叶形 |
| 叶形大小 | 中叶类 | 特大叶、大叶、中叶、小叶 |
| 叶片颜色 | 深绿色 | 墨绿、黄绿 |
| 叶面隆起性 | 叶面隆起 | 叶面微隆起 |
| 花冠直径 | 较大 | 大、中、小同时存在 |
| 内轮花瓣颜色 | 白色，整体一致 | 颜色有差异 |
| 雄蕊颜色 | 浅黄色 | 颜色有差异 |

# 魁金

（杏）

联系人：王金政

联系方式：0538-8298263　国家：中国

申请日：2013年1月15日

申请号：20130018

品种权号：20140089

授权日：2014年6月27日

授权公告号：国家林业局公告
（2014年第10号）

授权公告日：2014年7月15日

品种权人：山东省果树研究所

培育人：王金政、石荫坪、王强
生、薛晓敏、安国宁

**品种特征特性：** '魁金' 是以 '二花槽' 杏为母本、'红荷包' 杏为父本杂交培育成的早熟杏新品种。树势健壮，树姿开张；多年生枝条黄褐色，1年生枝深红色，节间长 1.61cm；叶片近圆形或长圆形，叶尖短尖，叶缘细齿，叶片大而厚,长 8.40cm,宽 7.01cm,色浓绿,叶柄深红色,长 2.65cm,蜜腺 3～6 个，圆形，较小；花冠中大，初开时浅粉色，花瓣 5 片，花萼紫红色，完全花比例为 91%。1 年生枝深红色；叶片近圆形或长圆形，叶尖较短，叶缘细齿，色浓绿，大而厚；花冠中大，花瓣 5 片，花萼紫红色。'魁金' 果实大型，近圆形，平均单果重 89.1g，最大果重 142.8g；果形端正，果顶渐凸，梗洼浅，中广，缝合线浅，两侧对称，果皮橙黄色，果面光洁，美观；果肉黄色，汁液中多，肉质细，纤维很少，不溶质；可溶性固形物含量 12%～14%,果实硬度 4.28kg/cm²，有香气，风味酸甜可口，品质上等；果核小，离核，苦仁；果皮厚、韧，耐贮运，常温条件下可存放 10～15 天。'魁金' 与对照性状差异如下表。

| 品种 | 果形 | 平均单果重（g） | 最大单果重（g） | 含糖量（%） |
|---|---|---|---|---|
| '魁金' | 近圆形 | 89.1 | 106.7 | 12～14 |
| '红荷包' | 椭圆形 | 43.0 | 55.0 | 8.8 |
| '二花槽' | 近圆形 | 35.0 | 61.0 | 9.1 |

# 金凯特

## （杏）

联系人：王金政

联系方式：0538-8298263　国家：中国

申请日：2013年1月15日

申请号：20130017

品种权号：20140090

授权日：2014年6月27日

授权公告号：国家林业局公告（2014年第10号）

授权公告日：2014年7月15日

品种权人：山东省果树研究所

培育人：王金政、薛晓敏、安国宁、张安宁、路超、郭长利

**品种特征特性：**'金凯特'是从'凯特'杏的自然杂交实生种中选出的早熟新品种。树势强健，树冠半开张，树冠为自然圆头形；主干皮孔较多，椭圆形，颜色灰白；多年生枝棕褐色，1年生枝红褐色，节间长1.57cm；叶片卵圆形，叶尖急尖，叶基圆契，叶缘圆钝，叶片大而厚，长8.95cm，宽6.99cm，色浓绿；叶柄较长，着生蜜腺1～2个；蜜腺圆形，较小，颜色红黑，位置错生；花芽圆形，多单花芽；花冠中大，果实特大，卵圆形，平均单果重119g，最大果重158g；果顶微凹，有顶洼，梗洼中深，缝合线明显、深，两半部不对称；果皮中厚，茸毛少，不易剥离，底色黄白，果面金黄色、光洁，果实完全成熟时阳面有红霞；果肉橘黄色，汁液多，肉质细嫩、脆，可溶性固形物含量14%，香气浓郁，风味酸甜可口，品质极佳；果核中大，离核，可食率96.2%；果肉硬度大，耐贮运，货架期比'凯特'长，为10天左右。果实综合经济性状超过'凯特'。'金凯特'杏与对照性状差异如下表。

| 品种 | 果形 | 平均单果重（g） | 最大单果重（g） |
|------|------|------|------|
| '金凯特' | 卵圆形 | 119 | 158 |
| '凯特' | 近圆形 | 105 | 130 |

# 福禄紫枫

（枫香属）

联系人：周卫信
联系方式：13319316317　国家：中国

申请日：2013年6月19日
申请号：20130072
品种权号：20140091
授权日：2014年6月27日
授权公告号：国家林业局公告
（2014年第10号）
授权公告日：2014年7月15日
品种权人：德兴市荣兴苗木有限
责任公司
培育人：方腾、周卫荣、王喜

**品种特征特性：** '福禄紫枫'为高大落叶乔木；树皮灰白色，韧皮部紫红色；小枝紫红色；叶薄革质，阔卵形，掌状三裂，长8~14cm，宽10~15cm，紫红色；掌状脉3~5条，上下均明显；托叶线状披针形，宽1.5~2mm，长2~3cm，游离（或与叶柄连生），紫红色。'福禄紫枫'与近似品种比较的主要不同点如下表。

| 性状 | 枫香 | '福禄紫枫' |
|---|---|---|
| 叶片颜色 | 初展时呈鲜红色,成熟后呈绿色 | 全生长季节呈紫红色 |
| 叶柄颜色 | 初展时呈鲜红色,成熟后呈绿色 | 全生长季节呈紫红色 |
| 托叶颜色 | 绿色 | 紫红色 |
| 嫩枝颜色 | 绿色 | 紫红色 |
| 二年生枝颜色 | 灰白色 | 淡紫红色 |
| 韧皮部颜色 | 绿色 | 紫红色 |

# 修机柏

（圆柏属）

联系人：周修机
联系方式：13002669681　国家：中国

申请日：2013年5月7日
申请号：20130052
品种权号：20140092
授权日：2014年6月27日
授权公告号：国家林业局公告
（2014年第10号）
授权公告日：2014年7月15日
品种权人：周修机
培育人：周修机

**品种特征特性：**'修机柏'为常绿灌木，枝干常屈曲匍匐，干皮光滑、无明显皮孔；节间短，枝条短而密；小枝开张角度大，几乎水平生长。鳞形叶细短，通常交互对生，长3～6mm；叶色翠绿，紧密排列，微斜展。球果圆形，带蓝绿色，被白粉。耐寒性与耐涝性强，适宜盆栽造型。'修机柏'与近似品种比较的主要不同点如下表。

| 性状 | '修机柏' | '商量岗圆柏' |
|---|---|---|
| 鳞叶 | 细小 | 粗 |
| 节间长度 | 节间短，枝条短而密度高 | 节间长 |
| 分枝 | 分枝角度大、侧枝近水平生长（分枝开张角度达61°） | 分枝角度小（分枝开张角度49°） |
| 树形 | 匍匐灌木，无明显顶端优势 | 小乔木 |
| 树干 | 枝干光滑，无明显皮孔，观赏性好 | 枝干皮粗糙，有明显皮孔与斑状树皮脱落 |
| 小枝生长与着生情况 | 小枝集中在一侧分布、向上生长，在朝地面一侧无小枝 | 小枝为螺旋着生，向四周生长 |

'修机柏'　　　　　　　　　　　　　　　　　　对照品种

# 明丰2号

（板栗）

联系人：王广鹏

联系方式：13031867896　国家：中国

申请日：2013年6月25日

申请号：20130078

品种权号：20140093

授权日：2014年6月27日

授权公告号：国家林业局公告
（2014年第10号）

授权公告日：2014年7月15日

品种权人：河北省农林科学院昌
黎果树研究所

培育人：王广鹏、刘庆香、张树
航、李颖、孔德军、李海山

品种特征特性：'明丰2号'是以板栗品种'燕明'为母本、'燕山早丰'为父本通过杂交培育获得，为落叶乔木，植株树体高大，树姿半开张；树干褐色，皮孔大，密度中等；结果母枝健壮，每果枝平均着生刺苞1.85个，次年母枝平均抽生结果新梢2.15条；叶片巨大，浓绿色，椭圆形；每果枝平均着生雄花序7.35条，花形下垂；刺苞近圆形，成熟时一字或者十字形开裂，平均苞重52.04g，平均每苞含坚果2.10粒，出实率37.85%；坚果椭圆形，褐色，明亮，茸毛较少，筋线明显，底座大小中等，平均单粒重9.38g；果肉淡黄色。'明丰2号'与近似品种比较的主要不同点如下表。

| 性状 | '明丰2号' | '燕山早丰' |
|---|---|---|
| 树体生长势 | 强 | 弱 |
| 花形 | 下垂 | 直立 |
| 叶片大小（长×宽） | 23.5cm×11cm | 15.0cm×6.9cm |
| 成熟期 | 9月28日 | 9月3日 |
| 单粒重 | 9.38g | 8.01g |

'明丰2号'（右，树体涂红油漆者），'燕山早丰'（左）

# 南垂5号

（板栗）

联系人：王广鹏
联系方式：13031867896　国家：中国

申请日：2013年6月25日
申请号：20130080
品种权号：20140094
授权日：2014年6月27日
授权公告号：国家林业局公告
（2014年第10号）
授权公告日：2014年7月15日
品种权人：河北省农林科学院昌黎果树研究所
培育人：王广鹏、刘庆香、张树航、李颖、孔德军、李海山

品种特征特性：‘南垂5号’是以板栗品种垂枝’为母本、‘南沟1号’为父本通过杂交培育获得，为落叶乔木，植株树体高度中等，树体生长势强，树姿开张；树干绿色，皮孔小而稀；枝条分枝角度大，结果母枝健壮，每果枝平均着生刺苞1.87个，次年母枝平均抽生结果新梢1.35条；叶片浓绿色，椭圆形；每果枝平均着生雄花序8.78条，花形下垂；刺苞椭圆形，成熟时十字形开裂，平均苞重64.37g，平均每苞含坚果2.0粒，出实率38.84%；坚果椭圆形，红褐色，明亮，茸毛较少，筋线不明显，底座大小中等，平均单粒重12.50g；果肉淡黄色；果实成熟期9月17日。‘南垂5号’与近似品种比较的主要不同点如下表。

| 性状 | ‘南垂5号’ | ‘南沟1号’ |
|---|---|---|
| 树姿 | 开张 | 半开张 |
| 枝干颜色 | 绿色 | 绿褐色 |
| 单粒重 | 12.50g | 8.35g |

‘南垂5号’（左），‘南沟1号’（右）

# 金玉桂花

（桂花）

联系人：张振田

联系方式：13505497302　国家：中国

申请日：2013年11月4日

申请号：20130158

品种权号：20140095

授权日：2014年6月27日

授权公告号：国家林业局公告
（2014年第10号）

授权公告日：2014年7月15日

品种权人：李长攸

培育人：李长攸、张春艳、张振田

**品种特征特性**：'金玉桂花'为常绿中小乔木，自然树冠呈圆球形，树势强健；叶色金黄，革质，单叶对生，叶缘呈锯齿状，叶长一般6～9cm，宽2～3cm，叶柄长约1cm，先端长尖。花为银白色，具有'银桂'花序的特点。枝条萌发力强、生长快、抗病性强。'金玉桂花'与近似品种比较性状差异如下表。

| 品种 | 春秋两季叶片颜色 | 夏季叶片颜色 | 冬季叶片颜色 |
|---|---|---|---|
| '金玉桂花' | 金黄色 | 黄绿 | 暗黄 |
| '银桂' | 绿色 | 绿色 | 绿色 |

# 锦业楝

（楝属）

联系人：范军科
联系方式：13837485291　国家：中国

申请日：2013年4月7日
申请号：20130033
品种权号：20140096
授权日：2014年12月9日
授权公告号：国家林业局公告
（2014年第16号）
授权公告日：2014年12月17日
品种权人：范军科
培育人：范军科、张巧莲、邢占兵、李红伟、王文军、刘全信

**品种特征特性**：'锦业楝'为落叶乔木，树冠圆形，树皮紫色幼时平滑，小枝灰青色，密生白色皮孔，叶痕隆起，二至三回奇数羽状复叶，叶色生长季嫩叶为金黄色、成熟叶淡黄色，小叶卵形或卵状披针形，长3～7cm，叶缘具粗锯齿。圆锥花序与叶等长，腋生，花青紫色，萼片与花瓣各5片，有芳香，5月开花。核果球形黄色，直径1～1.5cm。10～11月成熟。'锦业楝'与近似品种比较的主要不同点如下表。

| 品种 | 嫩叶色 | 成熟叶色 |
|---|---|---|
| '锦业楝' | 金黄色 | 淡黄色 |
| '苦楝' | 绿色 | 绿色 |

# 心愿

（野牡丹属）

联系人：王伟

联系方式：15902020639　国家：中国

申请日：2013年5月6日

申请号：20130054

品种权号：20140097

授权日：2014年12月9日

授权公告号：国家林业局公告
（2014年第16号）

授权公告日：2014年12月17日

品种权人：广州市园林科学研究所

培育人：代色平、阮琳、王伟、贺漫媚、张继方、刘慧、刘文

**品种特征特性：**'心愿'属细叶野牡丹与毛稔的杂交并建立的子代测定试验而选择出来的新品种。雄蕊瓣化，出现花朵重瓣化现象。株形舒展，茎、叶柄上均被平展的长粗毛。叶片坚纸质或纸质，卵状披针形至披针形，顶端长渐尖或渐尖，基部钝，长6～11cm，宽2～4cm，全缘，5基出脉。伞房花序顶生，有花1～3朵，最大特点是花朵大量的重瓣化，雄蕊瓣化，初开时雄蕊半含，花色为浅紫色，花径为6cm左右，6月初花，盛花期为6月下旬到7月中旬，7月下旬为末花期。果杯状球形，胎座肉质，为宿存的萼所包，盛果期8～10月。'心愿'与近似种类比较的主要不同点如下表。

| 品种 | 株高（m） | 冠幅（cm） | 花径(cm) | 花朵数（个） | 果数（个） |
|---|---|---|---|---|---|
| '心愿' | 0.5～2m | 63.16～93.82 | 4.65～5.75 | 20～25 | 15～23 |
| 毛稔 | 1.5～3 | 75.85～90.15 | 4.53～6.57 | 22～30 | 18～23 |

# 锦烨朴

（朴属）

联系人：范军科

联系方式：13837485291　国家：中国

**申请日：** 2013年11月25日

**申请号：** 20130165

**品种权号：** 20140098

**授权日：** 2014年12月9日

**授权公告号：** 国家林业局公告
（2014年第16号）

**授权公告日：** 2014年12月17日

**品种权人：** 范军科

**培育人：** 范军科、李桂芝、薛景、曲俊鹏

**品种特征特性：**'锦烨朴'为落叶大乔木。树皮灰褐色，粗糙而不开裂。嫩枝有毛后脱落，叶互生，呈广卵形至椭圆状圆形，长3~7cm，宽1.5~4cm，先端渐短尖，基部一边楔形、一边近圆形，钝锯齿，叶面光滑，背部沿叶脉腋疏生毛。花杂性，果柄与叶柄相近。芽自萌动至5月上旬满树金黄色，异常美观；立夏后当年生枝的新梢部的6~8片嫩叶呈金黄色，近熟叶黄绿色，成熟叶绿色。'锦烨朴'与近似品种比较的主要不同点如下表。

| 性状 | '锦烨朴' | 朴树 |
| --- | --- | --- |
| 嫩叶色 | 金黄 | 绿 |
| 近熟叶 | 黄绿 | 绿 |

# 锦晔榉

（榉属）

联系人：范军科

联系方式：13837485291　国家：中国

申请日：2013年11月25日

申请号：20130164

品种权号：20140099

授权日：2014年12月9日

授权公告号：国家林业局公告

（2014年第16号）

授权公告日：2014年12月17日

品种权人：范军科

培育人：范军科、马元旭、倪黎、鲁亚非

**品种特征特性：**'锦晔榉'为落叶大乔木，树冠呈倒卵状伞形，高20m以上。树干灰白色，树皮片状剥落。初小枝常无毛。叶卵形或卵状巨圆形，长2～7cm，通常较小，先端渐尖，基部一边宽楔形、一边圆形，锯齿微尖，侧脉7～10对，背面脉腋有簇生毛。叶纸质或厚纸质、互生。花、叶同时开放，初绽的嫩芽、嫩枝、嫩叶在春季为粉红色，立夏后新枝、嫩叶为金黄色；5月下旬后当年生枝梢部的3片叶粉红色、往下中部的4～10片叶金黄色，基部由上而下叶色依次为黄色、黄绿色、绿色。'锦晔榉'与近似品种比较的主要不同点如下表。

| 性状 | '锦晔榉' | '大果榉' |
| --- | --- | --- |
| 嫩枝 | 淡黄 | 灰褐 |
| 嫩叶色 | 黄 | 绿 |
| 成熟枝色 | 黄褐 | 褐 |

# 朱羽合欢

（合欢属）

联系方式：13839932012　国家：中国

申请号：20130076
品种权号：20140100
授权日：2014年12月9日
授权公告号：国家林业局公告
（2014年第16号）
授权公告日：2014年12月17日
品种权人：遂平名品花木园林有
限公司
培育人：王华明、袁向阳、孟献
旗、王华昭、田耀华

**品种特征特性：**'朱羽合欢'为落叶乔木，枝条开展，树冠广伞形。树皮灰棕色，平滑，小枝褐绿色，具棱。偶数羽状复叶，互生，生长期一直呈深紫红色。头状花序簇生，花冠下部黄白色，边缘粉红色，花期5～7月。荚果带状或条形，扁平，果期9～10月。'朱羽合欢'与近似品种比较的主要不同点如下表。

| 品种 | 叶色 | 花色 |
|---|---|---|
| '朱羽合欢' | 深紫红色 | 花冠下部黄白色，边缘粉红色 |
| '紫叶合欢' | 幼叶紫色至紫红色，老叶暗绿色 | 玫红色 |

# 玉蝶常山

（大青属）

联系人：孟献旗

联系方式：13839932012  国家：中国

申请日：2013年11月25日

申请号：20130129

品种权号：20140101

授权日：2014年12月9日

授权公告号：国家林业局公告
（2014年第16号）

授权公告日：2014年12月17日

品种权人：遂平名品花木园林有限公司

培育人：王华明、邵红琼、李红喜、周荣霞、王玉、陈新会、王利民、朱志发、关秋芝

品种特征特性：'玉蝶常山'为落叶灌木或小乔木。单叶对生，边缘有微波状齿，叶边缘呈现金黄色渐转为淡黄色或黄绿色，中部斑驳状绿色。叶有臭味，叶柄具柔毛，聚伞花序腋生，花冠粉白色，花萼紫红色，核果球形，蓝紫色。花期8~9月；果期10月。'玉蝶常山'和对比海州常山特异性对照如下表。

| 品种名称 | 叶色 | | |
| --- | --- | --- | --- |
| | 春季 | 夏季 | 秋季 |
| '玉蝶常山' | 边缘金黄色，中部斑驳状绿色 | 边缘淡黄色或黄绿色，中部斑驳状绿色 | 边缘橙黄色，中部斑驳状绿色 |
| 海州常山 | 绿色 | 绿色 | 绿色 |

大田种植的'玉蝶常山'

'玉蝶常山'的叶

大田种植的海州常山

海州常山的叶

# 天骄

（野牡丹属）

联系人：代色平

联系方式：020-3650405　国家：中国

申请日：2013年5月6日

申请号：20130055

品种权号：20140102

授权日：2014年12月9日

授权公告号：国家林业局公告
（2014年第16号）

授权公告日：2014年12月17日

品种权人：广州市园林科学研究所

培育人：代色平、王伟、阮琳、
贺漫媚、张继方、刘慧、刘文

**品种特征特性：**'天骄'属细叶野牡丹与毛稔的杂交并建立的子代测定试验而选择出来的新品种，株型紧凑，叶片细小优雅并且大小较一致，花径比两亲本大，花量比亲本多。幼年株型紧凑近球形，成年后近卵圆形。茎、叶柄、花梗及花萼上均被鳞片状糙伏毛。叶片细小优雅，纸质或薄革质，卵形或广卵形，顶端急尖，基部近圆形。花瓣浅紫色或玫瑰红色，倒卵形，顶端圆形，花径5～8cm，花量比亲本多。6月初花，盛花期为6月下旬到7月中旬，9月到10月中旬依然有少量花开放。蒴果坛状球形，与宿存萼贴生，密被鳞片状糙伏毛，果期9～11月。'天骄'与近似种类比较的主要不同点如下表。

| 种类 | 株高(m) | 冠幅（cm） | 花径(cm) | 花朵数（个） | 果数（个） |
|------|---------|-----------|----------|--------------|------------|
| '天骄' | 0.3～0.8 | 48.64～56.62 | 6.2～6.83 | 32～46 | 26～42 |
| 毛稔 | 1.5～3 | 75.85～90.15 | 4.53～6.57 | 22～30 | 18～23 |

# 金幌

（紫薇属）

联系人：李林芳
联系方式：025-84347102 国家：中国

申请日：2013年9月25日
申请号：20130145
品种权号：201400105
授权日：2014年12月9日
授权公告号：国家林业局公告
（2014年第16号）
授权公告日：2014年12月17日
品种权人：江苏省中国科学院植
物研究所
培育人：李亚、汪庆、杨如同、
王鹏、李林芳、耿蕾、姚淦

**品种特征特性：**'金幌'为灌木，4年生苗株高100～150m，冠幅80～120cm，干皮灰色，剥落；嫩枝略带红色，小枝四棱明显，明显具翅；叶片长3.5～5cm、宽2.3～3.2cm，叶片多椭圆形，嫩叶略带黄红色，成熟叶片呈金黄色；花芽长0.6～0.7cm，宽0.7～0.8cm，呈球形，花芽微红色，基部微绿色；花序长达14.5cm，宽达14cm，着花数26～54左右；花萼长0.85～0.95cm，棱较明显；花径为3.8～4.0cm，花粉红色(N57C)，花瓣长1.0～1.2cm，宽1.3～1.5cm，花瓣边缘褶皱，瓣爪粉红色(63C)，长0.7～0.9cm；果实椭圆形，长1.1～1.2cm，宽0.8～0.9cm，花期8～9月。'金幌'与近似品种比较的主要不同点如下表。

| 性状 | '金幌' | '粉晶' |
| --- | --- | --- |
| 叶色（自然光下） | 金黄色 | 绿色 |

# 中山杉9号

（落羽杉属）

联系人：李乃伟

联系方式：025-84348058　国家：中国

申请日：2013年7月14日

申请号：20130090

品种权号：20140106

授权日：2014年12月9日

授权公告号：国家林业局公告
（2014年第16号）

授权公告日：2014年12月17日

品种权人：江苏省中国科学院植
物研究所

培育人：陆小清、陈永辉、李乃
伟、李云龙、王传永

**品种特征特性：**'中山杉9号'为高大乔木，主干较通直，枝叶浓密，树干高、径生长较快；树干中上部部分一级侧枝分枝角较大（≥70°）呈下垂状态；针叶较短（≤0.5cm），着生针叶的脱落性小枝相对较长（10～12cm）而下垂。4年生株高5m、胸径8.1cm。树冠塔形或长卵形，针叶线形或锥形，较短。在脱落性小枝上排列成羽状或辐射状排列，着生角<45°，脱落小枝长、下垂。落羽杉'中山9号'属于杂交超亲类型，具有杂种优势。'中山杉9号'与其近似品种相比，主要不同点如下表。

| 性状 | '中山杉9号' | '中山杉302号' | '中山杉118号' |
|---|---|---|---|
| 针叶长度 | ≤0.5cm | >0.5cm | >0.5cm |
| 在脱落小枝上排列形态 | 成羽状或辐射状排列，着生角<45° | 羽状排列，着生角>45° | 成羽状排列，着生角>45° |
| 脱落小枝 | 脱落小枝长（10～12cm），下垂 | 脱落小枝短 | 脱落小枝短，部分在侧枝上斜向上生长 |
| 11～12月色相 | 黄棕色 | 黄绿色 | 青绿色 |

# 宁农杞1号

联系方式：13995203004　国家：中国

**申请日**：2014年1月10日
**申请号**：20140014
**品种权号**：20140107
**授权日**：2014年12月9日
**授权公告号**：国家林业局公告
（2014年第16号）
**授权公告日**：2014年12月17日
**品种权人**：国家枸杞工程技术研
究中心
**培育人**：秦垦、焦恩宁、戴国
礼、曹有龙、石志刚、周旋、何
军、李彦龙、李云翔、闫亚美、
黄婷、张波

**品种特征特性**：'宁农杞1号'生长势强，树姿较开张，自然成枝力（3.2枝／枝），剪接成枝力（2.1枝／枝），结果枝细长而软（平均枝长：55.7cm，平均枝基粗度：0.26cm），当年生枝条浅绿色，仅在节间叶簇生的地方具紫色条纹，具少量棘刺，多年生枝棕褐色。当年生叶翠绿色，成熟叶片深绿色，披针形或长椭圆状披针形，1年生枝上叶片常扭曲反折，正反面叶脉清楚。长宽比3.36。花蕾上部紫色较深，花冠筒裂片圆形，每一裂片上面具明显的三条脉纹，花萼2裂；2年生枝花4～5朵腋生，当年生新枝花1～2朵腋生。果实长椭圆形，果色鲜红，青果具有明显果尖，成熟后不具明显果尖。鲜果平均纵径2.26cm，横径0.97cm，果肉厚0.13cm，千粒重1017.5g，鲜干比4.35∶1。种子棕黄色，肾形，平均每个果实结籽量42.0粒，饱满种子含量为81.01%。'宁农杞1号'与近似品种的特异性状对比如下表。

| 性状 | '宁杞1号' | '宁农杞1号' |
|---|---|---|
| 自交亲和性 | 自交亲和 | 自交不亲和 |
| 枝条梢部 | 淡紫红色条纹 | 仅在节间叶簇生的地方具紫色条纹 |
| 叶片 | 叶片平整 | 1年生枝上叶片常扭曲反折 |
| 花冠裂片脉纹数目 | 一条脉纹 | 一主两副，三条脉纹 |
| 果形 | 椭圆柱状，具4～5条纵棱 | 长椭圆形，无果尖 |
| 千粒重 | 675.3g | 1017.5g |
| 果实成熟期 | 6月7日（银川） | 6月4日（银川） |

# 宁农杞2号

（枸杞属）

联系人：戴国礼

联系方式：13995203004  国家：中国

申请日：2014年1月10日

申请号：20140015

品种权号：20140108

授权日：2014年12月9日

授权公告号：国家林业局公告
（2014年第16号）

授权公告日：2014年12月17日

品种权人：国家枸杞工程技术研
究中心

培育人：秦垦、焦恩宁、戴国
礼、曹有龙、石志刚、周旋、何
军、李彦龙、李云翔、闫亚美、
黄婷、张波

**品种特征特性：**'宁农杞2号'树势强健，树体紧凑，生殖生长势强，自然成枝力（8.2枝／枝），剪接成枝力（4.3枝／枝），结果枝细长而软（平均枝长48.0cm，平均枝基粗0.32m），嫩枝条青绿色，不具紫色条纹和斑点；多年生枝棕褐色。叶深灰绿色，披针形或长椭圆状披针形，正反面叶脉清楚。长宽比为4.3。花淡紫色，花冠高脚碟状，筒细长，宽约2mm，长约为花萼的2倍；花冠喉部筒状，檐部裂片不向外翻，花萼2裂；2年生枝花4～5朵腋生，当年生新枝花1～2朵腋生。果实长椭圆形，青果腹缝线处，具一条明显纵棱和两道沟槽；成熟果实呈压扁状或三棱形，果实先端突起，具有小的锥状尖头。鲜果平均纵径2.50cm，横径1.10cm，果肉厚0.17cm，千粒重1119.2g，鲜干比4.6：1。种子棕黄色，肾形，平均每个果实结籽量33.4粒，饱满种子含量为86.23%。'宁农杞2号'与近似品种的特异性状对比如下表。

| 性状 | '宁杞1号' | '宁农杞2号' |
|---|---|---|
| 自交亲和性 | 自交亲和 | 自交不亲和 |
| 枝条梢部 | 淡紫红色条纹 | 青绿色，不具紫色条纹和斑点。 |
| 果形 | 椭圆柱状，具4～5条纵棱 | 青果腹缝线处具一条明显纵棱和两道沟槽；成熟果实呈三棱形 |
| 千粒重 | 675.3g | 1119.2g |
| 果实成熟期 | 6月7日（银川） | 6月3日（银川） |

# 御汤香妃

（紫薇属）

联系人：刘冬

联系方式：010-62336126 国家：中国

申请日：2008年2月29日

申请号：20120024

品种权号：20140109

授权日：2014年12月9日

授权公告号：国家林业局公告
（2014年第16号）

授权公告日：2014年12月17日

品种权人：北京林业大学

培育人：张启翔、潘会堂、蔡明、刘阳、贺丹、徐婉、王佳、程堂仁

**品种特征特性**：'御汤香妃'是以尾叶紫薇（*Lagerstroemia caudata*）为母本，以紫薇品种'俏佳人'为父本进行远缘杂交选育获得。小乔木，株高1.8~2m，冠幅150~160cm，枝干直立，萌蘖性弱。干皮棕灰色，嫩枝红褐色，小枝四棱，微具翅。嫩叶浅绿略带红色，成熟叶片深绿色。花芽略带红棕色；着花繁密，达100~120；花径约3cm，花白色（RHS NN155C）；花瓣长约0.9cm，宽约0.8cm，花瓣微卷曲，边缘褶皱，瓣爪呈浅粉色，长约0.6cm；花期7~9月。果椭圆形，果期9~11月。'御汤香妃'与近似品种比较的主要不同点如下表。

| 性状 | '御汤香妃' | '俏佳人' |
|---|---|---|
| 嫩枝 | 红褐色 | 正面红色，背面绿色 |
| 叶片 | 长约6~7cm，宽约3~4cm | 长4~5cm，宽约3cm |
| 花蕾 | 略红 | 绿色，个别缝合线处微红 |
| 花序 | 长约50cm，宽约40cm，着花繁密，约100~120朵 | 长20cm，宽18cm，着花数80朵左右 |
| 花瓣 | 花瓣白色（RHS NN155C） | 花瓣上部主要为粉红色（RHS N66C），次要颜色为白色（RHS NN155C） |
| 香味 | 有 | 无 |

# 中大一号红豆杉

（红豆杉属）

联系人：李志良
联系方式：0753-2133129　国家：中国

申请日：2008年2月29日
申请号：20080014
品种权号：20140110
授权日：2014年12月9日
授权公告号：国家林业局公告
（2014年第16号）
授权公告日：2014年12月17日
品种权人：梅州市中大南药发展
有限公司
培育人：李志良、杨中艺、黄巧
明、古练权、李贵华、汤朝阳、
何春桃、何伟强

**品种特征特性：**'中大一号红豆杉'是从云南红豆杉中选育获得。'中大一号红豆杉'为高大常绿乔木，枝叶繁茂；叶片条状披针形，常呈镰状，两列，排列较稀疏，长 1.5～4.0cm，宽 2～3mm；种子卵圆形，长约 5mm。'中大一号红豆杉'与普通红豆杉比较的不同点为：种植 3 年以上的'中大一号红豆杉'枝叶中紫杉醇含量达 0.02%～0.06%，生长及产物稳定；普通红豆杉植株间差异大、产物含量低且不稳定。'中大一号红豆杉'喜欢排水良好的中性或微酸性土壤，在半日照条件下长势较好。

# 东岳佳人

（槭属）

联系人：张林

联系方式：13181848965　国家：中国

申请日：2012年12月5日

申请号：20120214

品种权号：20140111

授权日：2014年12月9日

授权公告号：国家林业局公告
（2014年第16号）

授权公告日：2014年12月17日

品种权人：泰安市泰山林业科学研究院、泰安时代园林科技开发有限公司

培育人：王峰、张兴、张安琪、王波、王长宪、张林、颜卫东、孙忠奎、仲风维、牛田

**品种特征特性：**'东岳佳人'为落叶乔木，干皮灰黄色，浅纵裂，叶片光滑，两面无毛，生长期新梢叶片全部呈亮紫红色，小枝较多，红褐色，秋季叶色呈红色；叶5裂，裂深达叶片中下部，中裂片常5裂，叶裂片先端渐尖；叶基截形或心状截形；花杂性，黄绿色，翅果扁平，绿色，成熟时黄褐色，花期4月。'东岳佳人'与对照普通元宝槭比较性状差异如下表。

| 性状 | '东岳佳人' | 元宝槭 |
| --- | --- | --- |
| 生长季节新梢 | 亮紫红色 | 绿色 |
| 深秋叶色 | 紫红或暗红色 | 绿色、橙黄色或砖红色 |

# 恨天高

（榉属）

联系人：金晓玲、邢文

联系方式：13787319185/18229737095　国家：中国

申请日：2013年12月11日

申请号：20130169

品种权号：20140112

授权日：2014年12月9日

授权公告号：国家林业局公告
（2014年第16号）

授权公告日：2014年12月17日

品种权人：中南林业科技大学

培育人：金晓玲、胡希军、吕国梁、曹基武、何平、刘雪梅、汪晓丽

**品种特征特性：** 落叶小乔木或灌木，树形近球形；树高生长慢，分枝点低，分枝数多，叶片间距小，枝繁叶茂。该品种与常规榉树比较的不同点如下表。

| 性状 | 普通大叶榉 | '恨天高' |
|---|---|---|
| 类型 | 高大乔木 | 小乔木或灌木 |
| 株型 | 圆锥型（分枝较少） | 近球型（分枝多） |
| 年平均树高生长（cm） | 145 | 65 |
| 分枝点高度（cm） | 60～90 | 25～35 |
| 分枝长度（cm） | 60～80cm | 30～38cm |
| 平均分枝数量（个） | 2～3 | 5～9 |
| 叶间距（cm） | 3.0～3.3 | 1.2～1.38 |

'恨天高'榉树嫁接1年生植株

普通榉树分枝

'恨天高'榉树分枝

# 红星

（大青属）

联系人：王华田
联系方式：13605386331　国家：中国

申请日：2013年9月29日
申请号：20130147
品种权号：20140113
授权日：2014年12月9日
授权公告号：国家林业局公告
（2014年第16号）
授权公告日：2014年12月17日
品种权人：山东农业大学、山东
万路达园林科技有限公司
培育人：王华田、王延平、张
帆、刘丽娟、尹彦龙、公魏明

**品种特征特性：**'红星'为落叶灌木或小乔木，高1.5~3（或5）m，乔木树冠呈伞形，灌木树冠呈圆形。树皮黄褐色，有皮孔。小枝近于圆形，绿色，近于无毛，散生皮孔。叶卵形，顶端渐尖，基部心形，叶缘钝齿状，两面近于无毛，叶片有臭味；叶柄被微柔毛。二歧聚伞花序顶生，紧密，多花，花序梗长3~6cm，近于无毛，末次侧轴上着生3朵花；花萼5裂，盛花期花萼绿白色，并带有红色，近于钟状，中部稍膨大，无毛，花冠白色，核果近球形，幼时绿色，成熟后蓝紫色，直径6~8mm，通常分裂为2~3个小坚果，包藏于红色、稍增大的宿萼内，果熟期宿萼裂片通常向外反折，整个花序可同时出现红色花萼、白色花冠和蓝紫色果实的丰富色彩。花期7~9月，果期9~11月。'红星'与对照（南京紫金山种源）比较，性状差异如下表。

| 品种与对照 | 叶片 | 花萼颜色和形状 | 果实颜色和大小 | 花序着生小花数 | 枝条颜色 |
|---|---|---|---|---|---|
| '红星' | 叶缘具钝锯齿，叶柄近无毛 | 盛花期花萼由绿白色渐变为红色；结果期花萼向外反折，宿存，变为亮红色，似五角星 | 成熟果实深蓝色，较小 | 每个花序约着生100~250朵小花 | 嫩枝绿色；老枝呈黄褐色。皮孔凸起明显 |
| 南京紫金山种源 | 叶缘全缘，叶柄被微柔毛 | 盛花期花萼绿白并略带粉红色，坐果后变为浅红色，并随果实提前脱落 | 成熟果实蓝色，较大 | 每个花序约开50~100朵小花 | 嫩枝绿色；老枝灰绿色。皮孔凸起小 |

# 绢绒

（大青属）

联系人：王华田
联系方式：13605386331　国家：中国

申请日：2013年9月29日
申请号：20130148
品种权号：20140114
授权日：2014年12月9日
授权公告号：国家林业局公告
（2014年第16号）
授权公告日：2014年12月17日
品种权人：山东农业大学、山东万路达园林科技有限公司
培育人：王华田、王延平、张帆、刘丽娟、尹彦龙、公魏明

**品种特征特性**：'绢绒'为落叶灌木或小乔木，高1.5～3（或4）m，乔木树冠呈伞形，灌木树冠呈圆形。老龄树皮棕褐色。小枝近于圆形，密被茸毛，散生皮孔。叶片长卵形，顶端渐尖，基部楔形至宽楔形，叶缘全缘，两面近无毛，叶片有臭味；叶柄被微柔毛。二歧聚伞花序生于枝顶叶腋，疏散，少花，花序梗长4～7cm，近于无毛，末次侧轴上着生3朵花；盛花期花萼绿白并略带红色，近于钟状，中部稍膨大，无毛，花冠白色。核果近球形，幼时绿色，成熟后蓝黑色，直径6～8mm，通常分裂为2～3个小坚果，坐果率极低，约5%～10%。花期7～9月，果期9～10月。'绢绒'与对照（南京紫金山海州常山种源）比较，性状差异如下表。

| 品种及对照 | 叶片形状 | 叶片基部 | 结实率 | 枝条颜色 | 嫩枝毛被 |
|---|---|---|---|---|---|
| '绢绒' | 长卵形 | 楔形至宽楔形 | 幼果坐果率约5%～10%，随后脱落，不能产生成熟果实 | 嫩枝绿色渐变为黄色；老枝棕褐色 | 密被茸毛 |
| 南京紫金山海州常山种源 | 卵形 | 平截 | 能产生成熟果实 | 嫩枝绿色；老枝灰绿色 | 近无毛 |

# 洛楸1号

（梓树属）

联系人：王军辉

联系方式：13671255827　国家：中国

申请日：2013年12月30日

申请号：20140002

品种权号：20140115

授权日：2014年12月9日

授权公告号：国家林业局公告

（2014年第16号）

授权公告日：2014年12月17日

品种权人：中国林业科学研究院林业研究所、洛阳农林科学院

培育人：张守攻、王军辉、赵鲲、焦云德、张建祥

**品种特征特性**：'洛楸1号'为落叶高大乔木,树干光滑,树皮灰绿色；1年生枝材质较坚硬,皮孔为圆形；叶形为窄卵状三角形,顶部长渐尖或尾尖,基部平截或浅心形,上表面深绿色,下表面绿色。'洛楸1号'与亲本特征对比如下表。

| | 相似品种名称 | 相似品种特征 | '洛楸1号'特征 |
|---|---|---|---|
| 1 | 楸树01<br>（母本） | 当年生枝材质：脆 | 较坚硬 |
| | | 叶片形状：窄卵状三角形至宽卵状三角形 | 窄卵状三角形 |
| | | 当年生枝皮孔形状：椭圆形 | 圆形 |
| 2 | 楸树6523<br>（父本） | 主干表皮形态：块状纵向剥裂 | 光滑 |
| | | 主干表皮颜色：灰褐色 | 灰绿色 |
| | | 叶片形状：宽卵状三角形 | 窄卵状三角形 |

'洛楸1号'与母本楸树01和父本楸树6523叶片形态对比。左上为母本楸树01叶片,右上为父本楸树6523叶,中下为'洛楸1号'叶片。

# 洛楸2号

（梓树属）

联系人：王军辉

联系方式：13671255827  国家：中国

申请日：2013年12月30日

申请号：20140003

品种权号：20140116

授权日：2014年12月9日

授权公告号：国家林业局公告
（2014年第16号）

授权公告日：2014年12月17日

品种权人：洛阳农林科学院、中
国林业科学研究院林业研究所

培育人：赵鲲、王军辉、张守
攻、焦云德、陈新宇

**品种特征特性：**‘洛楸2号’为落叶高大乔木，主干树皮灰色，浅条裂；1年生枝绿色，节间距较长；叶形为窄卵状三角形、卵状三角形、宽卵状三角形，顶部长尾尖，基部心形或浅心形，叶背面叶脉上具有短茸毛；顶生伞房状总状花序，2～12朵花，花冠浅红色，花期4月下旬至5月中旬；蒴果线形，长度中等。‘洛楸2号’与亲本特征对比如下表。

| | 相似品种名称 | 相似品种特征 | ‘洛楸2号’特征 |
|---|---|---|---|
| 1 | 楸树01<br>（母本） | 主干表皮形态：光滑 | 浅条裂 |
| | | 当年生枝颜色：褐绿、褐 | 绿 |
| | | 叶片背面叶脉：无毛 | 具短茸毛 |
| 2 | 楸树长果楸<br>（父本） | 当年生枝表皮颜色：紫褐至深褐 | 绿 |
| | | 当年生枝节间距：较短 | 较长 |
| | | 果实长度：长 | 中 |

‘洛楸2号’与母本楸树01和父本楸树长果楸叶片形态对比。左上为母本楸树01叶片，右上为父本楸树长果楸叶片，中下为‘洛楸2号’叶片。

# 洛楸3号

（梓树属）

联系人：王军辉

联系方式：13671255827　国家：中国

申请日：2013年12月30日

申请号：20140004

品种权号：20140117

授权日：2014年12月9日

授权公告号：国家林业局公告
（2014年第16号）

授权公告日：2014年12月17日

品种权人：中国林业科学研究院
林业研究所、洛阳农林科学院

培育人：王军辉、张守攻、赵
鲲、焦云德、麻文俊

**品种特征特性：**'洛楸3号'为主干横截面为略椭圆形，主干表皮灰色，纵向翘裂，主干上叶痕较大，呈倒心形，托叶痕环状延伸；当年生枝黄绿色，皮孔无纵向延伸；叶形为三角状卵形，顶部突尖，基部心形、浅心形或平截；花期为4月下旬至5月上旬，总状花序。'洛楸3号'与亲本特征对比如下表。

| | 相似品种名称 | 相似品种特征 | '洛楸3号'特征 |
|---|---|---|---|
| 1 | 楸树 7080（母本） | 主干横截面：圆或近圆 | 略椭圆 |
| | | 主干托叶痕环状延伸：无 | 有 |
| | | 当年生枝皮孔纵向延伸：有 | 无 |
| 2 | 楸树 3065（父本） | 主干横截面：圆或近圆 | 略椭圆 |
| | | 主干托叶痕环状延伸：无 | 有 |
| | | 叶片形状：宽三角状卵形 | 三角状卵形 |

'洛楸3号'与母本楸树7080和父本楸树3065叶片形态对比。左上为母本楸树7080叶片，右上为父本楸树3065叶片，中下为'洛楸3号'叶片。

# 洛楸4号

（梓树属）

联系人：王军辉

联系方式：13671255827　国家：中国

**申请日**：2013年12月30日

**申请号**：20140005

**品种权号**：20140118

**授权日**：2014年12月9日

**授权公告号**：国家林业局公告（2014年第16号）

**授权公告日**：2014年12月17日

**品种权人**：洛阳农林科学院、中国林业科学研究院林业研究所

**培育人**：赵鲲、王军辉、张守攻、焦云德、麻文俊

**品种特征特性**：'洛楸4号'树冠为阔卵形，冠型饱满；主干通直，表皮较光滑，微浅裂，灰白色；叶形为三角状卵形，基部心形、浅心形、平截；初花期很早，4年生时即可开花，总状花序，花朵浅红色；初果期很早，蒴果线形，长度长。'洛楸4号'与亲本特征对比如下表。

| | 相似品种名称 | 相似品种特征 | '洛楸4号'特征 |
|---|---|---|---|
| 1 | 楸树01（母本） | 果实长度：中 | 长 |
| | | 物候期初果期：中 | 很早 |
| | | 种子饱实率：低 | 高 |
| 2 | 楸树长果楸（父本） | 物候期初果期：中 | 很早 |
| | | 叶片基部形状：楔形 | 心形、浅心形、平截 |
| | | 叶片形状：卵圆形 | 三角状卵形 |

'洛楸4号'与母本楸树01和父本楸树长果楸的叶片形态对比。左上为母本楸树01叶片，右上为父本楸树长果楸叶片，中下为'洛楸4号'叶片。

# 洛楸5号

（梓树属）

联系人：王军辉
联系方式：13671255827  国家：中国

申请日：2013年12月30日
申请号：20140006
品种权号：20140119
授权日：2014年12月9日
授权公告号：国家林业局公告
（2014年第16号）
授权公告日：2014年12月17日
品种权人：中国林业科学研究院
林业研究所、洛阳农林科学院
培育人：王军辉、张守攻、赵
鲲、焦云德、麻文俊

**品种特征特性**：'洛楸5号'为主干通直，树皮光滑，灰色；当年生枝绿色，材质硬实，皮孔为圆形；叶形为三角状卵形，顶部长渐尖，基部平截或楔形，边缘向上翻卷。'洛楸5号'与亲本特征对比如下表。

| | 相似品种名称 | 相似品种特征 | '洛楸5号'特征 |
|---|---|---|---|
| 1 | 楸树6523（母本） | 主干表皮形态：浅纵裂 | 光滑 |
| | | 叶片形状：宽三角状卵形 | 三角形卵状 |
| | | 叶片基部形状：浅心形 | 平截、楔形 |
| 2 | 楸树长果楸（父本） | 主干树皮形态：薄片状纵裂 | 光滑 |
| | | 主干表皮颜色：暗灰色 | 灰色 |
| | | 叶片形状：卵圆形 | 三角状卵形 |

'洛楸5号'与母本楸树6523和父本楸树长果楸叶片形态对比。左上为母本楸树6523叶片，右上为父本楸树长果楸叶片，中下为'洛楸5号'叶片。

# 鲁青

（核桃属）

联系人：侯立群

联系方式：0531-88557748　国家：中国

申请日：2013年6月9日

申请号：20130060

品种权号：20140120

授权日：2014年12月9日

授权公告号：国家林业局公告
（2014年第16号）

授权公告日：2014年12月17日

品种权人：山东省林业科学研究院、泰安市绿园经济林果树研究所

培育人：侯立群、王钧毅、韩传明、赵登超、张文越

**品种特征特性：**'鲁青'树姿直立，生长势强；树冠呈椭圆形；枝条平均长度为41.6cm；新梢灰绿色，多年生枝条呈褐色，枝条皮目中等，少茸毛；混合芽呈圆球形，侧生混合芽率为40.0%左右；复叶长42.0cm，复叶宽为28.0cm；小叶长卵圆形，小叶数5～7片，小叶长17.0cm，小叶宽9.0cm，小叶厚0.12mm；叶黄绿色；叶尖微尖；叶全缘；雄花序较少，长度为15～20cm；柱头为黄绿色。坚果椭圆形，果顶尖，基部平圆；平均单果重16.8g。壳面刻沟较浅，较光滑美观，浅黄色；缝合线隆起，结合紧密；坚果纵径4.5～4.65cm，横径3.45～3.70cm；壳厚1.46mm；内褶壁退化，横隔膜为膜质，易取整仁；核仁充实饱满，内种皮乳黄色；单仁重9.5g，出仁率56.55%。'鲁青'与近似品种比较的主要不同点如下表。

| 品种 | 树姿 | 树冠 | 坚果形状 | 果壳厚度 | 脂肪含量 |
|------|------|------|---------|---------|---------|
| '鲁青' | 直立 | 椭圆形 | 椭圆形 | 1.46mm | 高，72.5% |
| '鲁光' | 开张 | 半圆形 | 长圆形 | 0.8～1.0mm | 中，66.38% |

# 奥林

（核桃属）

联系人：侯立群
联系方式：0531-88557748  国家：中国

申请日：2013年6月9日
申请号：20130061
品种权号：20140121
授权日：2014年12月9日
授权公告号：国家林业局公告（2014年第16号）
授权公告日：2014年12月17日
品种权人：山东省林业科学研究院、泰安市绿园经济林果树研究所
培育人：侯立群、王钧毅、韩传明、赵登超、张文越

**品种特征特性：**'奥林'树姿直立或半开张，生长势强，树冠呈自然半圆形；多年生枝灰白色，枝干银白色，枝条皮目中等，无茸毛；混合芽呈圆形，侧生混合芽率为30%左右；复叶长为44.6cm，复叶宽为32.3cm；小叶长卵圆形，小叶数5～11片，小叶长17.8cm，小叶宽9.8cm；叶黄绿色；叶尖微尖；叶全缘；雄花序较少，长度为15～20cm；柱头为黄绿色。分枝力中等，母枝分生结果枝数中等，单枝以单、双果为主，有三果。果实黄绿色，长椭圆形，果点小、较密，果面有茸毛，青皮厚度约0.4cm左右，青皮成熟后容易脱落。坚果长扁圆形，果顶微尖，基部平圆；平均单果重14.82g。壳面刻沟较浅，较光滑美观，浅黄色；缝合线隆起，结合紧密；壳厚1.13mm左右，内褶壁退化，易取整仁；核仁充实饱满、内种皮颜色为淡黄色，单仁重8.92g，出仁率60.19%左右，味香微涩。

'奥林'与近似品种比较的主要不同点如下：

| 品种 | 花期异熟性 | 坚果成熟期 | 坚果大小 | 果形 | 果壳厚 | 内种皮颜色 | 出仁率 |
|---|---|---|---|---|---|---|---|
| '奥林' | 雄先型 | 8月下旬 | 14.82g | 长扁圆形 | 1.13mm | 淡黄色 | 60.19% |
| '礼品2号' | 雌先型 | 9月中旬 | 13.50g | 长圆形 | 0.7mm | 黄白色 | 67.4% |

# 渤海柳4号

（柳属）

联系人：焦传礼

联系方式：0543-3268806/13396294788　国家：中国

申请日：2014年2月17日

申请号：20140030

品种权号：20140122

授权日：2014年12月9日

授权公告号：国家林业局公告（2014年第16号）

授权公告日：2014年12月17日

品种权人：滨州市一逸林业有限公司、山东省林业科学研究院、沧州市一逸柳树育种有限公司

培育人：刘德玺、焦传礼、王振猛、杨庆山、刘国兴、刘桂民、魏海霞、周健、郭树文、白云祥、杨欢

**品种特征特性：**‘渤海柳4号’为落叶乔木，雄株，主干直立，顶端优势极为明显，自然接干能力强。枝条斜上伸展，不下垂，侧枝分布均匀，生长季节枝条黄绿色，冬季枝条黄色，分枝角度中等。叶片阔披针形，叶柄短。叶片平均长9.8cm，宽1.6cm，叶柄长0.8cm，叶缘细锯齿状。枝条在立秋后逐步变色，颜色随着天气变冷加深，由黄绿色到落叶时变成黄色。在山东滨州地区物候期（2013年）：芽膨大期3月上旬，萌芽期3月20日，展叶期3月29日至4月8日，叶色始变期11月8日，落叶末期12月20日。‘渤海柳4号’与‘盐柳一号’性状差异如下表。

| 品种 | 枝条 | 叶片形状 | 叶柄长度 |
| --- | --- | --- | --- |
| ‘渤海柳4号’ | 斜上伸展 | 阔披针形 | 较短 |
| ‘盐柳一号’ | 下垂 | 长披针形 | 较长 |

# 夏红

（李属）

联系人：李玉娟

联系方式：0513-87571253/13901483289　国家：中国

申请日：2014年2月11日
申请号：20140028
品种权号：20140123
授权日：2014年12月9日
授权公告号：国家林业局公告
（2014年第16号）
授权公告日：2014年12月17日
品种权人：江苏沿江地区农业科学研究所、南京林业大学
培育人：李玉娟、张健、高捍东、李敏、谈峰、王莹、陈惠、冒洪波

**品种特征特性：**'夏红'为落叶小乔木，树冠球形。新枝紫红色，老枝灰褐色，枝条粗壮。新叶常年表现为叶面、叶背同为鲜紫红；生长期270天左右，红叶期为250天左右。'夏红'3月上中旬新芽萌动，叶芽、花芽紫红；3月中下旬花叶同放。花簇生1～5朵，花冠径约为1.8cm，花瓣近圆形5片，粉色。具花鞘3～4个，红色，长约0.42cm。花柄初花约0.6cm，盛花期为1.6cm，青紫色。雄蕊约30枚，近平于花瓣，柱头高于花瓣。花托紫色。个别重瓣，重瓣的柱头、花蕊、花托也加倍。成熟叶紫色，叶背鲜红色，叶片长7～9.5cm，宽4.5～5.5cm，叶基锲形，叶边缘锯齿为密重锯齿，叶柄暗紫色，长1.2cm。生长期始终有新叶萌发，夏季成熟叶片返青现象较轻。'夏红'与近似品种比较的主要不同点如下表。

| 品种 | 花期 | 落叶终期 | 花色 | 果 | 整株表现 |
|------|------|---------|------|-----|---------|
| '中华红叶李' | 3月上旬 | 12月上旬 | 浅粉色 | 红色 | 暗紫偏青 |
| '夏红' | 3月中下旬 | 12月下旬 | 粉色 | 紫色 | 鲜紫红 |

# 渤海柳6号

（柳属）

联系人：焦传礼

联系方式：0543-3268806/13396294788　国家：中国

申请日：2014年2月17日

申请号：20140032

品种权号：201400124

授权日：2014年12月9日

授权公告号：国家林业局公告（2014年第16号）

授权公告日：2014年12月17日

品种权人：滨州市一逸林业有限公司、山东省林业科学研究院、沧州市一逸柳树育种有限公司

培育人：焦传礼、刘德玺、杨庆山、王振猛、李永涛、王霞、郭树文、焦世铭、杨光

**品种特征特性：**'渤海柳6号'为落叶乔木，雄株。干性强，顶端优势明显，速生，枝条节间短，腋芽饱满、较大，冬季黑色，叶片长披针形，先端弯曲；叶片平均长12.3cm，平均宽1.3cm，叶柄较短，叶柄平均长0.7cm，叶尾部弯曲。2年生树皮粗糙、纵裂。在山东滨州地区物候期（2013年）：芽膨大期3月上旬，萌芽期3月20日，展叶期3月26日至4月4日，叶色始变期11月1日，落叶末期11月27日。'渤海柳6号'与对照品种比较，性状差异如下表。

| 品种 | 性别 | 腋芽 | 叶片先端 | 叶柄长度 |
|------|------|------|---------|---------|
| '渤海柳6号' | 雄株 | 饱满较大、冬季黑色 | 弯曲 | 较短 |
| '大明湖垂柳' | 雌株 | 饱满度中等 | 直伸 | 较长 |

# 渤海柳7号

（柳属）

联系人： 焦传礼

联系方式： 0543-3268806/13396294788 国家：中国

申请日：2014年2月17日

申请号：20140033

品种权号：20140125

授权日：2014年12月9日

授权公告号：国家林业局公告（2014年第16号）

授权公告日：2014年12月17日

品种权人：山东省林业科学研究院、滨州市一逸林业有限公司、沧州市一逸柳树育种有限公司

培育人：焦传礼、刘德玺、党东雨、杨庆山、王振猛、周健、孟庆兴、白云祥、杨光

**品种特征特性：**'渤海柳7号'为落叶乔木，雌性。主干明显，生长快，三年生树干青绿色，枝条细长，节间长。叶片长披针形，叶片平均长14.1cm，叶片宽平均1.3cm，叶柄扭曲，平均长1.3cm，托叶较大，存留时间长，同时表现出耐盐碱、耐瘠薄等优良性状。在山东滨州地区物候期（2013年）：芽膨大期3月上旬，萌芽期3月20日，展叶期3月24日至4月2日，叶色始变期11月8日，落叶末期11月26日。'渤海柳7号'与对照品种比较，性状差异如下表。

| 品种 | 3年生树干皮 | 枝条垂度 | 枝条粗度 | 托叶 |
|---|---|---|---|---|
| '渤海柳7号' | 绿色 | 大 | 细长 | 存留时间长 |
| '大明湖垂柳' | 开裂，土黄色 | 中等 | 粗壮 | 存留时间短 |

对照　　　　　'渤海柳7号'

# 中峰银速

（卫矛属）

联系人：杜林峰

联系方式：15038960896　国家：中国

申请日：2014年1月14日

申请号：20140017

品种权号：20140126

授权日：2014年12月9日

授权公告号：国家林业局公告
（2014年第16号）

授权公告日：2014年12月17日

品种权人：许昌县中峰园林有限公司

培育人：杜林峰

**品种特征特性：**'中峰银速'叶对生，卵状至卵状椭圆形，先端长渐尖，基部近圆形，缘有细锯齿。叶柄细长，约为叶片长的1/3，秋季叶色变红。伞形花序，腋生，有花3～7朵，淡绿色。蒴果粉红色，种子淡黄色，有红色假种皮，上端常有小圆口，稍露出种子。有花序但雌雄均不育，整株不结实，叶片卵圆形较圆，叶色浓绿，生长迅速。'中峰银速'与近似品种丝绵木相比，特异性表现如下表。

| 特异性状 | 结实性 | 长势、叶色 |
|---|---|---|
| '中峰银速' | 雌雄均不育，整株不结实 | 生长迅速、叶色浓绿 |
| 近似品种 | 正常结实 | 长势、叶色一般 |

# 凤羽栾

（栾树属）

联系人：刘济祥

联系方式：0574-89017888　国家：中国

申请日：2013年11月28日

申请号：20130167

品种权号：20140127

授权日：2014年12月9日

授权公告号：国家林业局公告
（2014年第16号）

授权公告日：2014年12月17日

品种权人：浙江滕头园林股份有
限公司、中国林业科学研究院亚
热带林业研究所

培育人：傅剑波、朱锡君、刘济
祥、汪均平、刘军、姜景民

品种特征特性：'凤羽栾'属落叶乔木，树冠卵圆形，树皮灰褐色，小枝深褐色，具疣点；奇数羽状复叶，小叶狭长披针形，叶缘具不均匀粗锯齿；圆锥花序，金黄色，花期8～9月；蒴果，近球形，苞片初为淡绿色，后转为红色至深红色；果期9～10月。'凤羽栾'与'黄山栾树'比较性状差异如下表。

| 品种性状 | '黄山栾树' | '凤羽栾' |
| --- | --- | --- |
| 复叶小叶 | 斜卵形 | 狭长、披针形 |
| 小叶数量 | 9～19 片 | 7～13 片 |
| 小叶长 | 3.5～7cm | 8～13cm |
| 小叶宽 | 2～3.5cm | 0.5～1.5cm |
| 叶缘 | 全缘或近顶端有锯齿 | 粗锯齿 |
| 叶基部 | 基部阔楔形或圆形，略偏斜 | 渐狭 |

# 重阳紫荆

（紫荆属）

联系人：孟献旗
联系方式：13839932012　国家：中国

申请日：2013年6月21日
申请号：20130075
品种权号：20140128
授权日：2014年12月9日
授权公告号：国家林业局公告
（2014年第16号）
授权公告日：2014年12月17日
品种权人：遂平名品花木园林有
限公司
培育人：王华明、石海燕、张玉
民、王三礼、王静、王艳丽、赵
爱红、崔全福、卞建国、苏万
祥、李本勇

**品种特征特性：**'重阳紫荆'为落叶灌木或小乔木。干灰白色，直立挺拔。叶近圆形，绿色。先花后叶，花紫红色，簇生，春花期3～4月；秋花9月下旬，叶花同存，花色花量同春季花一样，花期长达1～2个月，二次花不结果。荚果扁平，果期9～10月。'重阳紫荆'与近似品种比较的主要不同点如下表。

| 品种及对照 | | 花期 | 开花时间 | 结果情况 |
|---|---|---|---|---|
| '重阳紫荆' | 春花 | 先花后叶一个多月 | 3～4月 | 有 |
| | 秋花 | 花叶同存1～2个月 | 9～12月 | 无 |
| 普通紫荆 | 春花 | 先花后叶一个多月 | 3～4月 | 有 |

# 海柳1号

（柳属）

联系人：张健

联系方式：0513-87571253/13358068755　国家：中国

**申请日**：2014年2月11日
**申请号**：20140029
**品种权号**：201400129
**授权日**：2014年12月9日
**授权公告号**：国家林业局公告
（2014年第16号）
**授权公告日**：2014年12月17日
**品种权人**：江苏沿江地区农业科学研究所
**培育人**：张健、李敏、李玉娟、王莹、谈峰、丛小丽

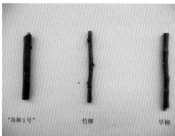
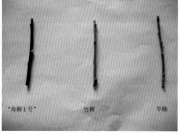

**品种特征特性**：'海柳1号'为落叶乔木，树干通直，主干树皮灰褐色稍纵裂。新枝红褐色，老枝灰紫色。花期4月上旬，顶端优势明显，腋芽萌发力强，分枝较早，侧枝与主干夹角45°～60°。树冠塔形，分枝均匀。叶披针形，单叶互生，叶片长达5～14cm，宽1.5～3.0cm，比竹柳窄但比旱柳宽，先端长渐尖，基部楔形，边缘有明显的细锯齿，叶片正面绿色，上覆少量白色柔毛，背面发白，叶柄微红、较长。耐盐碱，可在含盐量0.4%盐碱地里直插生根，耐水淹，适应性广。速生性强，当年扦插苗生长高度在3m以上。树皮灰褐色稍纵裂；分枝开阔，侧枝与主干夹角45°～60°；新枝红褐色，老枝灰紫色；叶片长5～14cm，宽1.5～3.0cm，比旱柳的叶片宽大，叶柄微红较长；顶端优势明显，腋芽萌发力极强，分枝较早；在江苏境内一般2月下旬萌芽，3月中旬放叶，4月上旬开花，11月中下旬落叶；耐盐碱，可在含盐量0.4%盐碱地里直插生根。'海柳1号'与对照比较，性状差异如下表。

| 性状 | '海柳1号' | 竹柳 | 旱柳 |
|---|---|---|---|
| 主干 | 树皮灰褐色稍纵裂 | 树皮深绿色，较光滑 | 树皮灰褐色，深纵裂 |
| 主干与侧枝夹角 | 45°～60° | 30°～45° | 40°～50° |
| 枝条颜色 | 新枝红褐色，老枝灰紫色 | 新枝黄绿色，老枝绿色 | 绿色 |
| 叶片大小 | 长5～14cm，宽1.5～3.0cm | 长15～22cm，宽3.5～6.2cm | 长4～10cm，宽1～1.5cm |
| 叶柄 | 微红，较长 | 微红，较短 | 绿色，较长 |
| 物候期 | 2月下旬萌芽，3月中旬放叶，4月上旬开花，落叶期11月中旬 | 3月上旬萌芽，3月中下旬放叶，花期4月上中旬，落叶期11月下旬 | 2月下旬萌芽，3月中旬放叶，花期3月下旬，落叶期11月下旬 |
| 耐盐能力 | 0.4% | 0.3% | 0.1% |

# 山农果一

## （银杏）

联系人：邢世岩

联系方式：0538-8243903　国家：中国

申请日：2013年9月2日

申请号：20130038

品种权号：20140130

授权日：2014年12月9日

授权公告号：国家林业局公告（2014年第16号）

授权公告日：2014年12月17日

品种权人：山东农业大学

培育人：邢世岩、李际红、曹福亮、苏明洲、樊记欣、皇甫桂月、侯九寰、王宗喜、高森、桑亚林

**品种特征特性**：落叶乔木，雌株。树皮灰褐色，幼树浅纵裂，大树深纵裂。成龄大树成枝力18.4%～23.5%，嫁接5年后幼树当年新梢长25.2cm，粗0.61cm，芽数7.8个，3年生枝段成枝力55.56%。有长、短枝之分。叶片多扇形，成龄树叶长×宽为5.08cm×8.02cm，叶柄长5.34cm，5片叶厚度0.127cm，单叶面积28.69cm²，单叶鲜重0.6133g，叶基线夹角126°，叶缘波状或二裂。4年生实生苗接后3年见果，接后5年开花株率达15%，坐果株率达9.4%。大树高接后2年见果，第3年坐果率100%。属中熟品种。'山农果一'属圆子类。果实圆形、正托。单果重12.63g，每千克60粒。果皮厚0.62cm。核肥厚圆形、规整，侧棱明显，基部两两束呈二点状或合二为一。单核重3.04g，每千克300粒，最大单核重3.5g，种壳厚0.52mm。核长×宽×厚为2.05cm×1.78cm×1.42cm。出核率24.16%，出仁率81.95%。外皮黄酮含量1.7716%，种仁黄酮含量0.2182%。种仁内富Mg、P及脂肪，口感香甜，糯性强，易机械脱皮和加工，是值得重视的好品种。'山农果一'与对照比较性状差异如下表。

| 品种 | 种核形状 | 种仁口感 | 种核大小 |
|---|---|---|---|
| '山农果一' | 圆球形、基部两点状 | 甜白果 | 单核重3.04g |
| '马铃9#' | 椭圆形，基部联生 | 苦白果 | 单核重2.10g |

# 山农果二

（银杏）

联系人：邢世岩
联系方式：0538-8243903 国家：中国

申请日：2013年9月2日

申请号：20130039

品种权号：20140131

授权日：2014年12月9日

授权公告号：国家林业局公告（2014年第16号）

授权公告日：2014年12月17日

品种权人：山东农业大学

培育人：邢世岩、李际红、曹福亮、苏明洲、樊记欣、皇甫桂月、侯九寰、王宗喜、高森、桑亚林

**品种特征特性：**‘山农果二’为落叶乔木，雌株。树皮灰褐色，幼树浅纵裂，大树深纵裂。发枝力强，成枝率高，有长、短枝之分。叶片多扇形，成龄树叶长 × 宽为 6.02cm×8.38cm，叶柄长 6.28cm，叶基线夹角 103°，叶缘呈波浪状。大树高接后 2 年结果，4 年生苗嫁接后 3 年结果，第 4 年开花株率 33.3%，结果株率 20%。从传粉到种子形态成熟时间为 144 天，成熟期 9 月 8 日，属早熟品种。果倒卵形，果柄直立。核顶端有尖，基部两束迹合生，背腹明显。平均单果重 11.84g，平均单核重 3.3g，出核率 28.14%，出仁率 80.34%。‘山农果二’与近似品种比较的主要不同点如下表。

| 品种 | 种核形状 | 种仁口感 | 种核大小 |
|---|---|---|---|
| ‘山农果二’ | 倒卵形，基部两点合生呈鸭尾状 | 甜白果 | 单核重 3.3g |
| ‘马铃 9#’ | 椭圆形，基部联生 | 苦白果 | 单核重 2.1g |

# 山农果五

## （银杏）

联系人： 邢世岩
联系方式： 0538-8243903　国家：中国

申请日：2013年11月27日
申请号：20130166
品种权号：20140132
授权日：2014年12月9日
授权公告号：国家林业局公告
（2014年第16号）
授权公告日：2014年12月17日
品种权人：山东农业大学
培育人：邢世岩、李际红、曹福
亮、苏明洲、樊记欣、皇甫桂
月、侯九寰、王宗喜、高森、桑
亚林

**品种特征特性：**'山农果五'为落叶乔木，雌株。树皮灰褐色，幼树浅纵裂，大树深纵裂。成龄大树成枝力17.86%，接后5年树当年新梢长26.6cm，粗0.59cm，芽数8.3个，3年生枝段成枝力45.4%。树高3.95m，主枝数4.5个，冠幅1.92m×1.71m。树冠投影面积2.62m²，总叶量1730片，叶面积5.4m²，叶面积指数2.11。用5年生砧嫁接后3～4年始果，第5年开花株率为27.3%，结果株率18.2%；接后6～8年坐果株率达100%。从传粉到种子成熟时间为167天，成熟期10月上旬。属晚熟品种。'山农果五'属马铃类。果基部非正托，阔椭圆形，单果重17.43g，每千克58粒。果皮厚0.7cm。核肥厚，中隐线稍明显，基部两束迹间石质相连，稍歪。单核重4g，最大4.5g，每千克250粒。核长×宽×厚为2.65cm×2.01cm×1.61cm。种壳厚0.77mm，出核率23.7%，出仁率77.88%。外皮黄酮含量1.5393%，种仁黄酮含量0.2238%。种仁富含K、Ca及脂肪和蛋白质，口感香甜，糯性强，其综合指标与日本特大粒品种'藤久郎'相当。'山农果五'与'马铃9#'比较性状差异如下表。

| 种类 | 种核形状 | 种仁口感 | 种核大小 |
| --- | --- | --- | --- |
| '山农果五' | 阔椭圆形，基部两点联生，突出，微歪 | 甜 | 4.00g |
| 马铃9# | 椭圆形，基部联生 | 苦 | 2.10g |

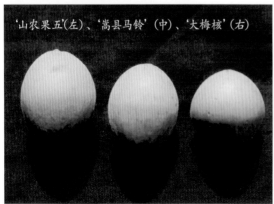

'山农果五'(左)、'嵩县马铃'(中)、'大梅核'(右)

# 文柏

（侧柏属）

联系人：邢世岩

联系方式：0538-8243903　国家：中国

申请日：2013年9月2日

申请号：20130134

品种权号：20140133

授权日：2014年12月9日

授权公告号：国家林业局公告（2014年第16号）

授权公告日：2014年12月17日

品种权人：山东农业大学

培育人：邢世岩、王玉山、卢本荣、曲绪奎、李际红、马红

**品种特征特性：**'文柏'为常绿乔木，树冠为塔形；树皮灰褐色，光滑，有轻度条状纵裂；枝条带鳞叶小枝横断面圆形，交互排列，分枝较少，有单条下垂枝，长达30～60cm；叶为鳞叶，形小，无正方叶与侧方叶之分；雌雄同株，各单生于小枝顶端。"雌花"长卵形，具3～4对鳞片状心皮，"雄花"球形，具2～3对苞片状雄蕊，内有13～16粒"花粉囊"；球果卵形，果鳞3对（基部一对退化），交互对生，呈覆瓦状排列，每果鳞内有1～3粒种子。球果长1.20～1.40cm，直径0.83～1.15cm，内有种子平均3.3粒，熟前肉质，熟后木质，开裂棕红色；种子卵形、褐色，长5.4～7.1mm，直径2.6～3.9mm，略显短粗，千粒重27.7g；幼苗叶短，针状，分枝少，一级分枝平均5个，二级分枝平均4.4个。'文柏'与普通侧柏比较，性状差异如下表。

| 种类 | 1～2年生枝横断面 | 1～2年生枝条姿态 |
|---|---|---|
| '文柏' | 圆形 | 有极长枝，且下垂 |
| 普通侧柏 | 扁平 | 无长枝，不下垂 |

'文柏'单生枝（左）及普通侧柏鳞枝（右）

'文柏'实生苗（左）及普通侧柏实生苗（右）

# 散柏

（侧柏属）

联系人：邢世岩
联系方式：0538-8243903  国家：中国

申请日：2013年9月2日
申请号：20130135
品种权号：20140134
授权日：2014年12月9日
授权公告号：国家林业局公告
（2014年第16号）
授权公告日：2014年12月17日
品种权人：山东农业大学
培育人：邢世岩、王玉山、卢本荣、曲绪奎、李际红、马红

**品种特征特性：**'散柏'为常绿乔木，树冠为尖塔形；树皮灰褐色，有条块状浅纵裂；枝条浅黄褐色，具光泽，分枝较少；叶为鳞叶，形小；雌雄同株，各单生于小枝顶端。"雌花"卵形，具3～4对鳞片状心皮，"雄花"球形，具2～3对苞片状雄蕊；球果卵形，果鳞3对，交互对生，呈覆瓦状排列，每果鳞内有1～2粒种子。球果较正常侧柏小，长1.15～1.35cm，直径0.63～1.10cm，熟前肉质，熟后木质，开裂棕红色，在泰安10月上中旬成熟；种子卵圆形、褐色，长3.2～5.2mm，直径1.5～2.6mm；1～3年生苗木分枝少，枝条稀疏，冠形开阔。'散柏'与普通侧柏比较，性状差异如下表。

| 种类 | 树冠疏密度 | 1～2年生枝条 | 鳞叶颜色 |
| --- | --- | --- | --- |
| '散柏' | 稀疏、开阔 | 柔弱，微下垂 | 淡绿 |
| 普通侧柏 | 浓密 | 直立，不下垂 | 浓绿 |

'散柏'球果（上），'密枝柏'（下）

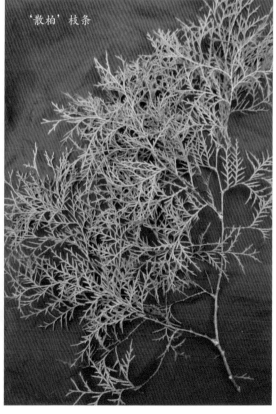

'散柏'枝条

# 滨海翠

（柽柳属）

联系人：杨俊明
联系方式：18712773580　国家：中国

申请日：2013年11月28日
申请号：20130168
品种权号：20140135
授权日：2014年12月9日
授权公告号：国家林业局公告
（2014年第16号）
授权公告日：2014年12月17日
品种权人：河北科技师范学院
培育人：杨俊明、刘振林、张国君、杨晴、曹书敏、代波、王子华、武小靖、董聚苗、林燕

**品种特征特性：**'滨海翠'为小乔木或乔木，多直立生长，最高可达9.56m。成龄树主干表皮灰黑色、纵裂、平滑、少有瘤状突起。木质化新枝红褐色，无芽枝密集、纤细。叶小多为鳞形，长1～2mm，叶端尖，叶互生。不开花。'滨海翠'与柽柳的主要区别如下表。

| 种类 | 枝叶特点 | 开花性状 | 树皮特征 | 树体形态 | 干形 | 繁殖方式 |
|---|---|---|---|---|---|---|
| '滨海翠' | 枝叶繁茂，叶绿期长，落叶期晚 | 不开花 | 表皮平滑，少瘤状突起 | 小乔木或乔木 | 多直立 | 硬枝扦插为主 |
| 柽柳 | 枝叶稀疏，叶绿期短，落叶期早 | 开花 | 表皮不平滑，多瘤状突起 | 灌木或小乔木 | 多弯斜 | 播种或扦插 |

'滨海翠'柽柳幼树树形

'滨海翠'柽柳母树形态

# 嘉能1号

## （麻疯树）

联系人：车旭涛
联系方式：13823645183　国家：中国

申请日：2013年8月1日

申请号：20130094

品种权号：20140136

授权日：2014年12月9日

授权公告号：国家林业局公告
（2014年第16号）

授权公告日：2014年12月17日

品种权人：普罗米绿色能源（深
圳）有限公司

培育人：车旭涛、白教育、田晶

**品种特征特性：**'嘉能1号'其特异性是开花结果早，花期早；果实种粒大，有连续结果性状，丰产。'嘉能1号'为多年生落叶灌木、小乔木，与亲本比较树体、冠幅较小，短枝率高，节间略短，叶片较小，叶柄较短；花期早，雌雄花比例约1∶18，高于亲本的1∶23；果实、种粒均较大，千粒重789g，其亲本为723g。结果早，其亲本小桐子栽植后第2年开花结果，而'嘉能1号'幼苗定植后70天即可开花结果。丰产，当年栽植当年结果，每亩111株的栽植密度，当年亩产量可达89kg，第二年亩产量可达198kg。其亲本小桐子当年不能结果，第二年结果量不足30kg。'嘉能1号'和母本的主要区别如下表。

| 种类 | 树高（cm） | 叶柄长（cm） | 雌雄花比例 | 种子千粒重 | 第一年产量（kg） | 第二年产量（kg） |
|---|---|---|---|---|---|---|
| '嘉能1号' | 180 | 17 | 1∶18 | 789 | 89 | 198 |
| 宾川母本 | 203 | 18.7 | 1∶23 | 723 | 0 | 30 |

# 嘉能2号

（麻疯树）

联系人：车旭涛
联系方式：13823645183  国家：中国

申请日：2013年8月1日

申请号：20130095

品种权号：20140137

授权日：2014年12月9日

授权公告号：国家林业局公告
（2014年第16号）

授权公告日：2014年12月17日

品种权人：普罗米绿色能源（深
圳）有限公司

培育人：车旭涛、白教育、田晶

**品种特征特性：**'嘉能2号'为多年生落叶灌木、小乔木，与亲本比较树体高大、冠幅较大、根系发达；分枝多，枝条长，角度开张，节间略长；花期早，雌雄花比例约1：20，高于亲本的1：25；种子千粒重750g，其亲本为720g。丰产，当年栽植当年结果，每亩111株的栽植密度，当年亩产量可达81kg，第二年亩产量可达167kg，其亲本第二年才见花见果，亩产不足30kg。抗寒能力强于目前栽植的小桐子，−3℃的情况下，冻害轻于其父母本，不影响正常的开花结果。'嘉能2号'和父本的主要区别如下表。

| 种类 | 树高（cm） | 雌雄花比例 | 种子千粒重 | 第一年产量（kg） | 第二年产量（kg） | 抗寒性（−3℃后） |
|---|---|---|---|---|---|---|
| '嘉能2号' | 220 | 1：20 | 750 | 81 | 167 | 不影响花芽分化 |
| 双江父本 | 198 | 1：25 | 720 | 0 | 30 | 冻伤花芽分化低 |

# 嘉能3号

（麻疯树）

联系人：车旭涛
联系方式：13823645183　国家：中国

申请日：2013年8月1日
申请号：20130096
品种权号：20140138
授权日：2014年12月9日
授权公告号：国家林业局公告
（2014年第16号）
授权公告日：2014年12月17日
品种权人：普罗米绿色能源（深圳）有限公司
培育人：车旭涛、白教育、田晶

**品种特征特性：**'嘉能3号'的特异性表现为开花结果早；果实种粒大，连续结果性能突出，丰产，抗旱性强。'嘉能3号'为多年生落叶灌木、小乔木，与亲本比较树体、冠幅较小，分枝多，分枝角度开张；叶片较小，叶柄较长；花期早，雌雄花比例约1∶17，高于亲本的1∶20；果实、种粒均较大，千粒重791g，其亲本为741g。连续结果能力强，当年可连续结果6～8次；高于其父母本的3～5次。丰产，当年栽植当年结果，每亩111株的栽植密度，当年亩产量可达106kg，第二年亩产量可达243kg；其父母本第二年才能开花结果，产量不足40kg。'嘉能3号'和母本的主要区别如下表。

| 种类 | 树高（cm） | 叶柄长（cm） | 雌雄花比例 | 种子千粒重 | 连续结果次数 | 第一年产量（kg） | 第二年产量（kg） |
|---|---|---|---|---|---|---|---|
| '嘉能3号' | 183 | 19.7 | 1∶17 | 791 | 6～8 | 106 | 243 |
| 柬埔寨母本 | 195 | 18.1 | 1∶20 | 741 | 3～5 | 0 | 40 |

# 嘉桐1号

（麻疯树）

联系人：车旭涛

联系方式：13823645183  国家：中国

申请日：2013年8月1日

申请号：20130097

品种权号：20140139

授权日：2014年12月9日

授权公告号：国家林业局公告
（2014年第16号）

授权公告日：2014年12月17日

品种权人：普罗米绿色能源（深圳）有限公司

培育人：车旭涛、白教育、田晶

**品种特征特性：**'嘉桐1号'为多年生落叶灌木、小乔木，比亲本树体高、冠幅大，树干灰黄色，亲本为灰绿色；分枝多，幼嫩枝条、叶片、叶柄呈黄色，亲本为绿色；花期早，雌雄花比例约1:20。果皮、果肉均为黄色，不同于亲本的绿色。抗寒性强，较一般小桐子耐寒，山区经十余日连续夜间 −3℃的低温后，普通小桐子被冻死冻伤，其母本也出现严重冻伤，严重影响生存及生长；而'嘉桐1号'表现出较好的耐寒能力，只嫩梢受冻，枝条枝干保持完好，发芽、生长正常。较丰产，当年栽植当年结果，每亩111株的栽植密度，当年亩产量可达40kg，第二年亩产量可达102kg。其亲本第二年才可开花结果，产量不足30kg。'嘉桐1号'和母本的主要区别如下表。

| 种类 | 树高（cm） | 树干颜色 | 枝条颜色 | 叶和叶柄颜色 | 果皮和果肉颜色 | 第一年产量（kg） | 第二年产量（kg） |
|---|---|---|---|---|---|---|---|
| '嘉桐1号' | 219 | 灰黄 | 黄 | 黄 | 黄 | 40 | 106 |
| 双江母本 | 198 | 灰绿 | 绿 | 绿 | 绿 | 0 | 30 |

# 嘉桐2号

（麻疯树）

联系人：车旭涛

联系方式：13823645183　国家：中国

**申请日**：2013年8月1日

**申请号**：20130098

**品种权号**：20140140

**授权日**：2014年12月9日

**授权公告号**：国家林业局公告（2014年第16号）

**授权公告日**：2014年12月17日

**品种权人**：普罗米绿色能源（深圳）有限公司

**培育人**：车旭涛、白教育、田晶

**品种特征特性**：'嘉桐2号'为落叶灌木、小乔木，与亲本比较树体高大，根系发达；分枝多，角度开张，发芽以及花期均较亲本晚。发芽晚于父母本以及一般小桐子30余天。以2011年为例，其父母本4月15日、16日开始发芽，而'嘉桐2号'5月18日才开始发芽；发芽后，生长势快而旺盛。较亲本丰产，当年栽植，当年结果，每亩111株的栽植密度，当年亩产量可达60kg，第二年亩产量可达132kg，其亲本第二年才能开花结果，产量不足20kg。'嘉桐2号'和母本的主要区别如下表。

| 种类 | 树高（cm） | 发芽时间 | 花期 | 第一年产量（kg） | 第二年产量（kg） |
|---|---|---|---|---|---|
| '嘉桐2号' | 215 | 晚1个月 | 晚20天 | 60 | 132 |
| 宾川母本 | 192 | 正常 | 正常 | 0 | 20 |

# 嘉优1号

（麻疯树）

联系人：车旭涛

联系方式：13823645183　国家：中国

申请日：2013年8月1日

申请号：20130099

品种权号：20140141

授权日：2014年12月9日

授权公告号：国家林业局公告（2014年第16号）

授权公告日：2014年12月17日

品种权人：普罗米绿色能源（深圳）有限公司

培育人：车旭涛、白教育、田晶

**品种特征特性**：'嘉优1号'多年生落叶灌木，与母本比较树体、冠幅较小，分枝多，分枝角度开张，叶片、叶柄均为绿色，有绿色托叶；而其母本棉叶珊瑚花叶片、托叶、叶柄均为红绿色；花红色，果为绿色圆柱形，3粒种子，相似于母本。'嘉优1号'用做小桐子砧木与小桐子嫁接亲和性良好，无大小脚现象。嫁接在'嘉优1号'上的优系小桐子60天即可正常开花结果，明显早于嫁接在其母本棉叶珊瑚花或自根砧上的；连续结果能力明显提高，全年可连续结果6～8次，产量提高20%以上。每亩111株的栽植密度，当年亩产量可达108kg，第二年亩产量可达270kg。因其树体矮小，冠幅小适宜密植，每亩330株的栽植密度，当年亩产量可达233kg，第二年亩产量可达472kg。以'嘉优1号'和母本棉叶珊瑚花以及小桐子自根砧做砧木，嫁接优系小桐子的主要区别如下表。

| 砧木名 | 树高（cm） | 冠幅（cm）（东西、南北） | 砧木叶色及叶柄色 | 种子千粒重 | 单株结果数 | 第一年产量（kg） | 第二年产量（kg） |
|---|---|---|---|---|---|---|---|
| '嘉优1号' | 157 | 150,138 | 绿色 | 832 | 432 | 108 | 270 |
| 母本 | 177 | 179,153 | 红绿色 | 801 | 401 | 92 | 207 |
| 自根砧 | 208 | 217,200 | 小桐子 | 789 | 369 | 83 | 172 |

# 钟山红

（槭属）

联系人：荣立苹

联系方式：13813805804 国家：中国

申请日：2014年1月20

申请号：20140024

品种权号：20140142

授权日：2014年12月9日

授权公告号：国家林业局公告（2014年第16号）

授权公告日：2014年12月17日

品种权人：江苏省农业科学院

培育人：唐玲、李倩中、李淑顺、荣立苹

**品种特征特性：**'钟山红'为落叶乔木，单叶对生，叶纸质，深5裂，叶片外貌圆形或椭圆。生长季成熟叶上表面深绿色，下表面淡绿色。花期4月，花多数常成顶生，伞房花序。果期8月，翅果黄褐色，张开成钝角。秋季10月下旬叶片开始变色，11月上旬叶片转为鲜红色，进入最佳观赏期，比普通青枫提前20天左右；11月下旬落叶。'钟山红'与相似品种对比的不同点如下表。

| 特性 | '钟山红' | 普通青枫 |
|------|---------|---------|
| 叶片转色期 | 10月下旬 | 11月中旬 |
| 转色后叶色 | 紫红色 | 黄色或红色 |
| 嫩叶叶色 | 紫红色 | 橙红色 |

# 绿洲御选一号

（石榴属）

联系人：吴小刚
联系方式：13991808883　国家：中国

申请日：2013年12月12日
申请号：20130170
品种权号：20140143
授权日：2014年12月9日
授权公告号：国家林业局公告
（2014年第16号）
授权公告日：2014年12月17日
品种权人：杨凌稼禾绿洲农业科技有限公司
培育人：吴小刚

品种特征特性：'绿洲御选一号'为乔木，整体树枝较旺，成枝力较强，冠幅／冠高为2～2.5 幼树以长果枝结果为主，成年树以中短枝结果为主。幼嫩枝红色或紫红色，四棱，老枝褐色，刺较少。幼叶紫红色，成叶较厚，浓绿，长椭圆形，长宽比为（2～3）：1。花红色，花瓣5～8瓣，总花量大，完全花率35%左右，完全花败育花接近2：5。果实扁球形，棱突明显，果皮中厚，平均0.3～0.4cm。果皮粉红，果面光洁而有光泽，无锈斑，萼筒圆柱形，细长，萼片5～8裂。高抗裂果，外形美观，平均单品果重1200g，最大单果重2800g，籽粒特大，百粒重96g，可溶性固形物含量14%～22%，含酸量1.46%，籽粒红玛瑙色，呈宝石状，颜色极其漂亮吸引人，仁小、渣细、汁多，酸甜适度，口感好，坐果率在75%以上。

| 品种 | 果形 | 平均单果重(g) | 最大单果重(g) | 百粒重(g) | 果皮色 | 口感 | 品质 |
|---|---|---|---|---|---|---|---|
| '绿洲御选一号' | 扁球形 | 1200 | 2800 | 93.63 | 粉红 | 酸甜 | 上 |
| '御石榴' | 圆球形 | 750 | 1500 | 42.42 | 大红 | 酸 | 中上 |

# 抱头槐

（槐属）

联系人：张帆
联系方式：13225313616　国家：中国

申请日：2014年2月8日
申请号：20140027
品种权号：20140144
授权日：2014年12月9日
授权公告号：国家林业局公告
（2014年第16号）
授权公告日：2014年12月17日
品种权人：山东万路达园林科技
有限公司
培育人：刘丽娟、公维明、张
帆、孟艳艳、王建华

**品种特征特性：**'抱头槐'为落叶乔木，高8~12m。主干抽枝多
（7~12条），主枝分枝角度小，仅30°~40°，树冠纺锤形，直立
紧凑，生长势强；主干灰黑色，较光滑，树皮横向块状浅裂；嫩枝
翠绿色，复叶长20cm，小叶13枚；小叶椭圆形，长2cm，宽2.5cm。
'抱头槐'与近似品种'抱印槐'比较性状差异如下表。

| 品种 | 植株分枝性状 | 树冠形状 | 树皮开裂方式 | 叶片形状 |
|---|---|---|---|---|
| '抱头槐' | 主干分枝多（7~12条） | 树冠纺锤形，直立紧凑 | 横向块状浅裂 | 长椭圆形 |
| '抱印槐' | 主干分枝少（3~7条） | 树冠长椭圆形，开张 | 深纵裂 | 长卵形 |

# 喜柳

（柳属）

联系人：孙成义
联系方式：0543-3600063/15006969758　国家：中国

申请日：2014年6月16日

申请号：20140091

品种权号：20140145

授权日：2014年12月9日

授权公告号：国家林业局公告（2014年第16号）

授权公告日：2014年12月17日

品种权人：中喜生态产业股份有限公司

培育人：张洪欣、张洪勋、孙成义、郭延海、李康

**品种特征特性：** '喜柳'落叶乔木，雌株。树冠长卵形，主干通直，顶端优势极强，尖稍度小。1～2年生苗干青绿色，光滑不裂；3年生以上干皮黄绿色，基部粗糙并浅纵裂。枝叶绿色；侧枝较细，分枝密，分布均匀，分枝角度中等，树冠自下而上分枝角度渐小，平均为50°。叶片长披针形，无托叶，叶柄较长，叶缘细锯齿状。在山东滨州地区3月上旬芽膨大，3月下旬展叶，果熟期4月下旬，落叶末期在12月上旬。'喜柳'与近似品种性状差异如下表。

| 品种 | 性别 | 叶片形状 | 幼树尖削度 | 1～2年生苗干颜色 |
|---|---|---|---|---|
| '喜柳' | 雌株 | 长披针形 | 小 | 青绿 |
| '9901柳' | 雄株 | 阔披针形 | 较大 | 灰绿 |

# 盘垂桂

（木犀属）

联系人：冯常柳
联系方式：13957630205　国家：中国

申请日：2013年7月29日
申请号：20130136
品种权号：20140146
授权日：2014年12月9日
授权公告号：国家林业局公告
（2014年第16号）
授权公告日：2014年12月17日
品种权人：冯常柳 冯潇潇 冯岚
培育人：冯常柳

**品种特征特性**：'盘垂桂'系多年生常绿灌木或小乔木，叶子对生，呈椭圆形，叶面光滑，革质，叶边缘有锯齿；春叶与夏秋叶有较大区别，秋季开花，花期较晚，10月下旬到11月下旬开花，花色淡黄到中黄，不结果实。'盘垂桂'主干不明显，有丛生现象，主干呈弯曲，枝条扭曲下垂，形成下垂型树冠，这种形态变异是其区别其他桂花品种最显著的地方。'盘垂桂'与对照品种特异性对比如下表。

| 性状 | '盘垂桂' | '九龙桂' |
|---|---|---|
| 主干 | 主干弯曲，有丛生现象，极少直立形主干，成熟枝条仍呈现明显的扭曲现象 | 幼枝扭曲，长大变直立向上生长 |
| 枝条 | 分枝力强、新梢生长量大。标准株分枝力4个，多的达到8～18条。夏秋梢在高温和强光作用下扭曲生长，春梢也具有扭曲生长性状。出枝方向不定，树冠内部枝条扭曲、下垂、上升、弯曲、交叉，形成扭曲造型 | 分枝力较强、新梢生长量较大，标准株分枝力平均2.9个。夏秋梢有扭曲现象，但春梢仍正常向上生长 |
| 树冠 | 在重力作用和枝条扭曲共同作用下，密集型枝条形成下垂形的伞状树冠 | 树冠总体向上 |

# 夏风热浪

（山茶属）

联系人：陈娜娟

联系方式：020-37883237　国家：中国

申请日：2012年11月13日

申请号：20120164

品种权号：20140147

授权日：2014年12月9日

授权公告号：国家林业局公告
（2014年第16号）

授权公告日：2014年12月17日

品种权人：棕榈园林股份有限公司

培育人：刘坤良、刘信凯

**品种特征特性：**'夏风热浪'是以母本'杜鹃红山茶'、父本'花牡丹'（Daikagura）杂交选育获得。灌木，植株开张，分枝稠密，生长旺盛。叶片浓绿色，椭圆形，革质，有光泽，边缘具浅锯齿。嫩叶泛红色。花蕾长圆球形，萼片黄绿色，被绢毛，开花稠密。花朵粉红色，部分花瓣红色，瓣面可见深红脉纹，半重瓣型到牡丹型，大到巨型花，外轮花瓣排列整齐，内轮花瓣略呈波浪状，花丝淡红色。花期6月中旬至12月底。'夏风热浪'与近似品种比较的主要不同点如下表。

| 性状 | '夏风热浪' | '杜鹃红山茶' | '花牡丹' |
|---|---|---|---|
| 花色 | 粉红色 | 鲜红色 | 橙红色至鲜红色 |
| 花期 | 6～12月 | 全年开花 | 11月至翌年2月 |
| 叶形 | 椭圆形 | 狭长披针形至倒披针形 | 宽椭圆形 |

# 夏日红绒

（山茶属）

联系人：陈娜娟

联系方式：020-37883237　国家：中国

申请日：2012年11月13日

申请号：20120168

品种权号：20140148

授权日：2014年12月9日

授权公告号：国家林业局公告
（2014年第16号）

授权公告日：2014年12月17日

品种权人：棕榈园林股份有限公司

培育人：刘信凯、钟乃盛、冯桂梅

**品种特征特性：**'夏日红绒'是以母本'皇家天鹅绒'（Royal Velvet）、父本'杜鹃红山茶'杂交选育获得。灌木，植株紧凑，立性，生长旺盛。叶片浓绿色，长椭圆形，厚革质。花蕾较长尖，萼片绿色，开花稠密。花朵黑红色，有绒质感，单瓣型，中到大型花，花瓣5～9枚，倒卵形，微皱褶，先端微凹，雄蕊多数，基部连生，花丝红色，花药金黄色。花期6～12月。'夏日红绒'与近似品种比较的主要不同点如下表。

| 性状 | '夏日红绒' | '皇家天鹅绒' | '杜鹃红山茶' |
|---|---|---|---|
| 花色 | 黑红色 | 黑红色 | 鲜红色 |
| 叶缘 | 上半部边缘具浅锯齿 | 均匀锯齿 | 无锯齿 |
| 叶形 | 长椭圆形 | 披针形 | 狭长披针形至倒披针形 |

# 夏梦小旋

（山茶属）

联系人：陈娜娟

联系方式：020-37883237　国家：中国

申请日：2012年11月13日

申请号：20120169

品种权号：20140149

授权日：2014年12月9日

授权公告号：国家林业局公告（2014年第16号）

授权公告日：2014年12月17日

品种权人：棕榈园林股份有限公司

培育人：吴桂昌、高继银、吴晓旋

**品种特征特性：**'夏梦小旋'是以母本'杜鹃红山茶'、父本'花牡丹'（Daikagura）杂交选育获得。灌木，植株紧凑、分枝稠密、生长旺盛。叶片浓绿色，阔倒卵形，边缘具浅锯齿，嫩叶泛红色。花蕾长圆球形，萼片淡绿色，开花稠密。花朵粉红色，玫瑰重瓣型到完全重瓣型，中到大型花，花瓣先端微凹，倒卵形，排列整齐，略内卷，花心偶有少量雄蕊，花期6月中旬至12月底。'夏梦小旋'与近似品种比较的主要不同点如下表。

| 性状 | '夏梦小旋' | '杜鹃红山茶' | '花牡丹' |
|---|---|---|---|
| 花色 | 粉红色 | 鲜红色 | 橙红色至鲜红色 |
| 花期 | 6～12月 | 全年开花 | 11月至翌年2月 |
| 叶缘 | 边缘浅锯齿 | 无锯齿 | 粗锯齿 |
| 叶形 | 阔倒卵形 | 狭长披针形至倒披针形 | 阔椭圆形 |

# 夏梦春陵

（山茶属）

联系人：陈娜娟
联系方式：020-37883237　国家：中国

申请日：2012年11月13日
申请号：20120170
品种权号：20140150
授权日：2014年12月9日
授权公告号：国家林业局公告
（2014年第16号）
授权公告日：2014年12月17日
品种权人：棕榈园林股份有限公司
培育人：刘春陵、黄万坚、黄万建

**品种特征特性：**'夏梦春陵'是以母本'都鸟'（Miyakodori）、父本'杜鹃红山茶'杂交选育获得。灌木，植株立性，生长旺盛。叶片浓绿色，背面灰绿色，长椭圆形，先端钝尖，边缘具钝齿。花蕾尖纺锤形，萼片黄绿色，开花稠密。花朵桃红色，花心小花瓣有少量白斑。牡丹型，大到巨型花，外轮大花瓣长倒卵形，由两侧向内略卷，边缘波浪状，中部花瓣多枚，扭曲，雄蕊散生在花瓣之间，花丝浅黄色，花药黄色。花期6月中旬至12月底。'夏梦春陵'与近似品种比较的主要不同点如下表。

| 性状 | '夏梦春陵' | '都鸟' | '杜鹃红山茶' |
|---|---|---|---|
| 花色 | 桃红色 | 白色 | 鲜红色 |
| 花期 | 6～12月 | 12月至翌年3月 | 全年开花 |
| 叶形 | 长椭圆形 | 长椭圆形 | 狭长披针形至倒披针形 |

# 夏梦玉兰

（山茶属）

联系人：陈娜娟
联系方式：020-37883237　国家：中国

申请日：2012年11月13日
申请号：20120173
品种权号：20140151
授权日：2014年12月9日
授权公告号：国家林业局公告
（2014年第16号）
授权公告日：2014年12月17日
品种权人：棕榈园林股份有限公司
培育人：冯玉兰、骆海林、冯桂梅

**品种特征特性：**'夏梦玉兰'是以母本'都鸟'（Miyakodori）、父本'杜鹃红山茶'杂交选育获得。灌木，植株立性，枝叶稠密，生长旺盛。叶片浓绿色，叶背灰绿色，长椭圆形，革质，上半部略下弯，且边缘齿钝。花蕾纺锤形，萼片浅绿色，开花稠密。花朵淡红色，单瓣型，中型花，花瓣5～9枚，交错排列，倒卵形，瓣面脉纹清晰，完全开放后花瓣的中上部外翻，似玉兰花朵状；雄蕊多，基部连合，呈管状，花丝乳白色，花药淡黄色，雌蕊柱头2～3裂。花期6月中旬至12月底。'夏梦玉兰'与近似品种比较的主要不同点如下表。

| 性状 | '夏梦玉兰' | '都鸟' | '杜鹃红山茶' |
|------|-----------|--------|-------------|
| 花色 | 淡红色 | 白色 | 鲜红色 |
| 花期 | 6～12月 | 12月至翌年3月 | 全年开花 |
| 叶形 | 长椭圆形 | 长椭圆形 | 狭长披针形至倒披针形 |
| 叶缘 | 钝齿 | 锯齿 | 无锯齿 |

# 火烧云

（蔷薇属）

联系人：杨玉勇
联系方式：0871-7441128　国家：中国

申请日：2012年6月14日
申请号：20120089
品种权号：20140152
授权日：2014年12月9日
授权公告号：国家林业局公告
（2014年第16号）
授权公告日：2014年12月17日
品种权人：昆明杨月季园艺有限
责任公司
培育人：伙秀丽、杨玉勇、蔡
能、赖显凤

**品种特征特性：**'火烧云'是由母本'兴奋剂'（Opium）、父本'阳光雄师'（Sunny Leonidas）杂交培育获得。半扩张灌木型，枝条粗壮，株高80～100cm.；茎表皮刺中等，斜直刺，黄色，数量中等偏多；叶片革质绿色，中等大小，叶脉清晰，锯齿明显，小叶5枚，顶端小叶椭圆形，近花莲处3枚小叶完整；单朵花花期10～12天；花朵卷边盘状形；花径9～11cm，花瓣数25～30枚；花瓣黄橙混色，边缘橘红色，RHS 40B，基部黄色，RHS 4C，背面白色；无香味；雄蕊花丝黄色；花萼片边缘延伸弱。'火烧云'与近似品种比较的主要不同点如下表。

| 品种 | '火烧云' | '阿林卡'（Alinka） |
|---|---|---|
| 花径 | 比'阿林卡'大 | 比'火烧云'小 |
| 花瓣背面颜色 | 白色 | 黄色 |

# 天权星

（蔷薇属）

联系人：杨玉勇
联系方式：0871-7441128　国家：中国

申请日：2012年6月14日
申请号：20120094
品种权号：20140153
授权日：2014年12月9日
授权公告号：国家林业局公告
（2014年第16号）
授权公告日：2014年12月17日
品种权人：昆明杨月季园艺有限
责任公司
培育人：赖显凤、杨玉勇、蔡
能、伙秀丽

**品种特征特性：**'天权星'是由母本'维维安'（Viviane）、父本'波塞尼娜'（Porcelina）杂交培育获得。半扩张灌木型，株高50cm，枝条中等粗度，硬挺；茎表皮刺少，中等偏少，斜直略弯，绿色；叶片革质绿色，小，叶脉清晰，锯齿明显，小叶5枚，顶端小叶窄椭圆形，近花莛处3枚小叶完整；花朱红色，RHS N666A；花平瓣盘状；花径5.5～6.5cm，花瓣10～15枚，心形近圆形；花萼边缘延伸弱；无香味；雄蕊花丝白色；侧花枝4～6枝，1～2朵/枝，单朵花花期10～12天。'天权星'与近似品种比较的主要不同点如下表。

| 性状 | '天权星' | '花房'（Hanabusa） |
|------|---------|------------------|
| 花色 | 朱红色，RHS N666A | 红色，RHS 44A |
| 花瓣数量 | 10～15枚 | 25～30枚 |
| 皮刺颜色 | 绿色 | 红色 |

# 星星之火

（蔷薇属）

联系人：汪有良

联系方式：025-52745600-8203　国家：中国

申请日：2012年7月12日

申请号：20120125

品种权号：20140154

授权日：2014年12月9日

授权公告号：国家林业局公告
（2014年第16号）

授权公告日：2014年12月17日

品种权人：江苏省林业科学研究院

培育人：汪有良、黄立斌、蒋泽平

**品种特征特性：**'星星之火'是用母本'春苗'、父本'香粉蝶'杂交选育而成。株形半扩张，株高40cm；枝干小直刺较少，分枝角大于45°；顶端小叶倒卵形、细锯齿、无光泽、边缘无波形、基部锲形、叶尖渐尖，叶片横切面微凹；复叶主脉背面有刺；嫩枝叶紫红色。花红色，花径4.5～5cm，半开时杯状，盛开时呈卷边翘角状，俯视为多角形；花瓣30～35枚、扇形有缺刻、反卷强，花瓣内外侧基部均有小白色斑；花具中等薄荷香；高抗白粉病；易于扦插繁殖。'星星之火'与近似品种比较的主要不同点如下表。

| 性状 | '星星之火' | '春苗' |
|---|---|---|
| 花瓣数 | 30～35枚 | 50枚以上 |
| 花香 | 薄荷香 | 无 |
| 花瓣质地 | 绒质感 | 无 |

# 奥斯伯蕊尔 (Ausprior)

（蔷薇属）

联系人：罗斯玛丽·威尔柯克斯

联系方式：+44-1902-376319　国家：英国

申请日：2012年3月31日

申请号：20120041

品种权号：20140155

授权日：2014年12月9日

授权公告号：国家林业局公告
（2014年第16号）

授权公告日：2014年12月17日

品种权人：大卫奥斯汀月季公司
（David Austin Roses Limited）

培育人：大卫·奥斯汀（David Austin）

**品种特征特性：** '奥斯伯蕊尔'（Ausprior）是以未知品种的花坛月季为亲本进行杂交选育而成。'奥斯伯蕊尔'为灌木，植株高度为矮至中；茎无皮刺或极少；叶片中至大，上表皮光泽弱，叶缘波状曲线弱；有开花侧枝，数量少；花朵直径中至大，重瓣，花瓣极多，花色组为白色或近白色，花瓣内侧基部有浅黄色小斑点。'奥斯伯蕊尔'与近似品种比较的主要不同点如下表。

| 性状 | '奥斯伯蕊尔'（Ausprior） | '奥斯雷纳特'（Ausrelate） |
|---|---|---|
| 花瓣数量 | 极多，约121片 | 少至中，约98片 |
| 花瓣内侧主要颜色 | 白色 (NN 155B) | 近白色 (155D) |
| 香味 | 较浓 | 无或极淡 |

中国林业植物授权新品种（2014）

155

# 奥斯瑞蕾 (Ausrelate)

（蔷薇属）

联系人：罗斯玛丽·威尔柯克斯

联系方式：+44-1902-376319　国家：英国

**申请日：** 2011年11月6日

**申请号：** 20110121

**品种权号：** 20140156

**授权日：** 2014年12月9日

**授权公告号：** 国家林业局公告
（2014年第16号）

**授权公告日：** 2014年12月17日

**品种权人：** 大卫奥斯汀月季公司
（David Austin Roses Limited）

**培育人：** 大卫·奥斯汀（David
Austin）

**品种特征特性：** '奥斯瑞蕾'（Ausrelate）是以通过杂交选育获得。灌木，半直立，高度中等；茎皮刺少，嫩枝有花青素着色；叶片大小中等，小叶片叶缘波状弱；花苞纵切面的形状为阔卵形，花朵大至极大，白色或近白色；重瓣，花瓣极大，数量少至中；蔷薇果纵切面为罐形。'奥斯瑞蕾'与近似品种比较的主要不同点如下表。

| 品种 | 花瓣数量 | 皮刺数量 |
|---|---|---|
| '奥斯瑞蕾'（Ausrelate） | 少至中 | 少 |
| '奥斯雷薇'（Auslevel） | 极多 | 极多 |

# 奥斯沃幽 (Ausvolume)

（蔷薇属）

联系人：罗斯玛丽·威尔柯克斯
联系方式：+44-1902-376319　国家：英国

申请日：2011年11月6日
申请号：20110122
品种权号：20140157
授权日：2014年12月9日
授权公告号：国家林业局公告
（2014年第16号）
授权公告日：2014年12月17日
品种权人：大卫奥斯汀月季公司
（David Austin Roses Limited）
培育人：大卫·奥斯汀（David Austin）

品种特征特性：'奥斯沃幽'（Ausvolume）是以通过杂交选育获得。灌木，半直立，较矮；茎皮刺中至多，嫩枝有花青素着色；叶片小，小叶片叶缘波状无或极弱；花苞纵切面的形状为阔卵形，花朵大至极大，紫红色；重瓣，花瓣极大，数量中至多；蔷薇果纵切面为罐形。'奥斯沃幽'与近似品种比较的主要不同点如下表。

| 品种 | 嫩枝颜色 | 花色 |
|---|---|---|
| '奥斯沃幽'（Ausvolume） | 绿色 | 紫红色 |
| '奥斯薇'（Ausway） | 古铜色 | 浅红至深粉 |

# 红盖头

（蔷薇属）

联系人：王其刚
联系方式：13577044553    国家：中国

申请日：2011年10月28日

申请号：20110114

品种权号：20140158

授权日：2014年12月9日

授权公告号：国家林业局公告（2014年第16号）

授权公告日：2014年12月17日

品种权人：云南云科花卉有限公司、云南省农业科学院花卉研究所

培育人：晏慧君、李树发、蹇洪英、张婷、李淑斌、唐开学

**品种特征特性：**‘红盖头’是以切花月季品种‘黑巴克’为母本、‘影星’为父本杂交选育获得。灌木，茎直立，无皮刺；叶大小中等，小叶卵圆形，叶脉清晰、深绿色、有光泽，5小叶，叶缘细锯齿，顶端小叶基部圆形，小叶叶尖骤尖形，嫩叶红褐色，嫩枝褐绿色；切枝长度90～110cm，花枝均匀，花梗长而坚韧，枝条下端有少量刺毛；花红色，单生于茎顶，高心阔瓣杯状形，内外花瓣颜色均匀，花瓣数60～70枚，花瓣圆阔瓣形，花径5～7cm，萼片延伸程度中等；植株生长旺盛，抗病性强，年产量20枝/株；鲜切花瓶插期8～10天。‘红盖头’与近似品种比较的主要不同点如下表。

| 品种 | 花瓣颜色 | 花形 | 花瓣数 |
|---|---|---|---|
| ‘红盖头’ | 大红色 | 阔瓣杯状形 | 60～70 |
| ‘黑巴克’ | 深红色 | 卷瓣杯状形 | 35～45 |

# 斯科丽 (Scholie)

（蔷薇属）

联系人：H.舒尔顿（Herman Scholten）

联系方式：31 297 383444　国家：荷兰

**申请日：** 2012年3月27日

**申请号：** 20120032

**品种权号：** 20140159

**授权日：** 2014年12月9日

**授权公告号：** 国家林业局公告（2014年第16号）

**授权公告日：** 2014年12月17日

**品种权人：** 荷兰彼得西吕厄斯控股公司（Piet Schreurs Holding B.V.）

**培育人：** P.N.J.西吕厄斯（Petrus Nicolaas Johannes SCHREURS）

**品种特征特性：** '斯科丽'（Scholie）是用自有育种材料 S2005 为母本、S1474 为父本杂交选育而成。'斯科丽'植株矮，株幅中；幼枝花青甙显色强；枝条有刺，颜色红棕色；叶片大小为中到大，上表面颜色中绿，上表面茸毛中等，边缘缺刻弱；花型重瓣，单头花；花径中到大，花俯视形状为星形；单色品种，主色为红色，香味无到弱；花瓣伸出度强，花瓣数少，内侧主要颜色为深红色，RHS 46A～46B 之间，基部有斑点；花瓣边缘反卷强，瓣缘波状弱；花丝主色为红色，基部为黄色。'斯科丽'与近似品种比较的主要不同点如下表。

| 性状 | '斯科丽'（Scholie） | '硕米乌普'（Schromiup） |
|---|---|---|
| 枝刺数量 | 无到少 | 少 |
| 花色 | 深红色 (46A～46B) | 红色 (43A～44B) |
| 花朵直径 | 中到大 | 中 |

# 瑞格011 (Ruimg011)

（蔷薇属）

联系人：李光松
联系方式：13811816849　国家：荷兰

**申请日**：2012年1月10日
**申请号**：20120005
**品种权号**：20140160
**授权日**：2014年12月9日
**授权公告号**：国家林业局公告
（2014年第16号）
**授权公告日**：2014年12月17日
**品种权人**：迪瑞特知识产权公司
（De Ruiter Intellectual Property
B.V.）
**培育人**：汉克·德·格罗特
（H.C.A. de Groot）

**品种特征特性**：'瑞格011'（Ruimg011）是从'瑞艺5451'（Ruiy5451）上发现的突变选育而成。属于温室栽培的单花头切花品种；株形紧凑，茎杆直立生长；茎干高度为短到中，嫩枝花青素着色为强，主枝皮刺数量极多，颜色微绿色；叶片大小为极大，光泽为中到强；花型重瓣，花瓣数少；花形状为不规则圆形，花径中到大；花香为无或极弱；花色属红色系，花瓣内侧主要颜色为红色，在RHS 45A和45B之间，基部有淡黄色斑点，外侧主要颜色为RHS 57A；雄蕊花丝颜色为中黄色，尖部带粉色。'瑞格011'与近似品种比较的主要不同点如下表。

| 性状 | '瑞格011'（Ruimg011） | '瑞艺5451'（Ruiy5451） |
|---|---|---|
| 嫩枝花青素着色 | 强 | 弱到中 |
| 主枝皮刺数量 | 极多 | 中到多 |
| 叶片光泽度 | 中到强 | 弱到中 |
| 花色 | 红色系 | 橙红色系 |
| 雄蕊花丝颜色 | 黄色 | 橙红色 |

# 西吕40919 (Sch40919)

（蔷薇属）

联系人：H.舒尔顿（Herman Scholten）
联系方式：31 297 383444 国家：荷兰

**申请日**：2012年4月18日
**申请号**：20120054
**品种权号**：20140161
**授权日**：2014年12月9日
**授权公告号**：国家林业局公告
（2014年第16号）
**授权公告日**：2014年12月17日
**品种权人**：荷兰彼得西吕厄斯
控股公司（Piet Schreurs Holding
B.V.）
**培育人**：P.N.J.西吕厄斯（Petrus
Nicolaas Johannes SCHREURS）

**品种特征特性**：'西吕40919'（Sch40919）是用自有育种材料SR6362为母本、SR1795为父本杂交选育获得。'西吕40919'植株株高为矮到中；幼枝（约20cm处）花青甙显色中，枝条有刺，数量中到多，显色呈红棕色；叶片大小为大到非常大，上表面颜色中绿，上表面茸毛中，边缘缺刻弱到中，尖端短椭圆形；花朵直径中到大，俯视呈星形，花的类型为重瓣，单头花，主色为紫色，单色品种，侧观上部平凸形与下部平形，香味无到弱；花瓣伸出度强，长度中、宽度中到宽，花瓣数多，内花瓣的主要颜色紫红（RHS 76B-76C），内瓣基部有斑点；花瓣边缘反卷强、瓣缘波状弱，花丝主色为淡黄。'西吕40919'与近似品种比较的主要不同点如下表。

| 性状 | '西吕40919'（Sch40919） | '斯科苔'（Scholtec） |
|---|---|---|
| 枝刺数量 | 中到多 | 极少到少 |
| 花色 | 紫红（RHS 76B～76C） | 蓝粉（RHS 70C～75A） |
| 花朵直径 | 中到大 | 中 |

# 锦云

（蔷薇属）

联系人： 田连通

联系方式： 13518743690　国家：中国

申请日：2012年12月1日

申请号：20120205

品种权号：20140162

授权日：2014年12月9日

授权公告号：国家林业局公告
（2014年第16号）

授权公告日：2014年12月17日

品种权人：云南锦苑花卉产业股
份有限公司

培育人：倪功、曹荣根、田连
通、白云评、乔丽婷、阳明祥

**品种特征特性：**'锦云'是用母本'诱惑'、父本'哥斯达黎加'杂交培育获得。常绿灌木，植株高度70～90cm。皮刺密度中等，叶边缘缺裂宽深，小叶数3～5片，顶端小叶叶尖锐尖，叶基为圆形。花蕾为卵形，重瓣花，属大花型品种。花瓣正面主色为紫红色（RHS 73D），正面次色为紫红色（RHS N66D）。'锦云'与近似品种比较的主要不同点如下表。

| 性状 | '锦云' | '俏玉' |
|---|---|---|
| 花瓣正面颜色 | 主色为紫红色（RHS 73D），次色为紫红色（RHS N66D） | 红色（RHS 86D） |
| 皮刺形态 | 斜直刺 | 平直刺 |
| 叶缘锯齿 | 深、宽 | 浅、窄 |

# 都市丽人

（蔷薇属）

联系人： 田连通

联系方式： 13518743690 国家：中国

申请日：2012年12月22日

申请号：20130002

品种权号：20140163

授权日：2014年12月9日

授权公告号：国家林业局公告
（2014年第16号）

授权公告日：2014年12月17日

品种权人：云南尚美嘉花卉有限公司、云南省农业科学院花卉研究所

培育人：晏慧君、王其刚、赵家清、唐开学、蹇洪英、张婷、刘辉

**品种特征特性：**'都市丽人'为窄灌木，植株直立，切枝长度90～110cm，花枝均匀；花粉红色，单生于茎顶，高心阔瓣杯状形，内外花瓣颜色均匀，花瓣数30～40枚，花瓣圆阔瓣形，花径5～7cm；萼片延伸较强；花梗长而坚韧，有茸毛；叶大小中等，小叶卵圆形，叶脉清晰、深绿色、有光泽，5或7小叶，叶边缘单锯齿，顶端小叶基部钝形，小叶叶尖渐尖形，叶柄紫红色，嫩枝深绿色，表面光泽度较强；植株皮刺为平直刺，数量多，红棕色；植株生长旺盛，抗病性强，年产量20枝/株；鲜切花瓶插期8～10天。'都市丽人'与近似品种'粉佳人'比较如下表。

| 性状 | '都市丽人' | '粉佳人' |
|---|---|---|
| 花色 | 粉红色 | 浅粉色 |
| 花瓣 | 30～40 | 50～60 |
| 花瓣：边缘波形 | 强 | 弱 |
| 花瓣正面边缘颜色 | RHS 65A | RHS 69A |
| 花瓣正面中央颜色 | RHS 65C | RHS 69B |
| 花瓣背面边缘颜色 | RHS 65B | RHS 69B |
| 花瓣背面中央颜色 | RHS 65A | RHS 69C |
| 花梗、花托 | 花梗长、V形花托 | 花梗短、U形花托 |
| 皮刺：数量 | 平直刺 | 斜直刺 |
| 顶端小叶：叶尖形态 | 骤尖 | 渐尖 |

# 奥斯罗芙 (Ausrover)

（蔷薇属）

联系人：罗斯玛丽·威尔柯克斯
联系方式：+44-1902-376319　国家：英国

申请日：2012年3月31日
申请号：20120043
品种权号：20140164
授权日：2014年12月9日
授权公告号：国家林业局公告
（2014年第16号）
授权公告日：2014年12月17日
品种权人：大卫奥斯汀月季公司
（David Austin Roses Limited）
培育人：大卫·奥斯汀（David
Austin）

品种特征特性：'奥斯罗芙'（Ausrover）是以未知品种的花坛月季为亲本进行杂交选育而成。'奥斯罗芙'为灌木，植株高度为矮至中；茎有少量皮刺；叶片中至大，上表皮光泽弱，叶缘波状曲线无至极弱；无开花侧枝；花朵直径大至极大，重瓣，花瓣数量中等，花朵中部黄色，花瓣内侧基部有浅黄色斑点。'奥斯罗芙'与近似品种比较的主要不同点如下表。

| 性状 | '奥斯罗芙'（Ausrover） | '奥斯珂琵'（Auskeppy） |
|---|---|---|
| 皮刺数量 | 少 | 少至中 |
| 花瓣数量 | 较多，约100片 | 较少，约76片 |
| 花瓣内侧主要颜色 | 非纯色，橙色（27A～29D） | 近黄色（12B）稍偏粉，边缘略带红色（38D） |
| 花瓣顶部形状 | 较圆 | 较尖 |

# 尼尔普米 (Nirpmist)

（蔷薇属）

联系人：尼古拉·诺瓦若（Nicola Novaro）
联系方式：0049-3287590　国家：意大利

申请日：2011年3月10日

申请号：20110016

品种权号：20140165

授权日：2014年12月9日

授权公告号：国家林业局公告
（2014年第16号）

授权公告日：2014年12月17日

品种权人：意大利里维埃拉卢克斯公司（Lux Riviera S.R.L.）

培育人：阿勒萨德·吉尔纳
（Alessandro Ghione）

**品种特征特性**：'尼尔普米'（Nirpmist）是以'姬安娜'（Juwena）为母本、'蓝色珍品'（Blue Curiosa）为父本杂交选育获得。植株窄灌型，直立，株高、冠幅中等；幼枝花青甙显色中，枝条具刺，显色呈红棕色。叶片大小中等，形状卵圆，叶绿色，表面光泽度弱，小叶边缘波状中等，顶端小叶叶基钝。花茎茸毛或刺的数量中等，花蕾纵剖面窄卵形，花重瓣，主色为粉色，双头花，花朵直径中；花瓣为不规则圆形，数量多，大小中等，花瓣缺刻无或弱，边缘波状中等、反卷；单色品种，基部颜色渐浅；内瓣基部有斑点，斑点大、颜色浅黄；花丝主色淡黄。花香味无或弱。'尼尔普米'与近似品种比较的不同点如下表。

| 品种 | 花主色 |
| --- | --- |
| '蓝色珍品'（Blue Curiosa） | 蓝粉色 |
| '尼尔普米'（Nirpmist） | 粉色 |

# 白云石

（蔷薇属）

联系人：杨玉勇
联系方式：0871-7441128 国家：中国

**申请日**：2012年6月14日
**申请号**：20120085
**品种权号**：20140166
**授权日**：2014年12月9日
**授权公告号**：国家林业局公告
（2014年第16号）
**授权公告日**：2014年12月17日
**品种权人**：昆明杨月季园艺有限
责任公司
**培育人**：张启翔、罗乐、程堂
仁、杨玉勇、蔡能、余双明、白
锦荣

**品种特征特性**：'白云石'是由母本'坦尼克'（Tineke）、父本'查理亚'（Zaria）杂交培育获得。灌木型，枝条直立，中等粗度，硬挺，茎表皮刺小，平直刺，微红色，数量中等；叶片革质绿色，中等偏小，叶脉清晰，锯齿明显，表面光泽弱，小叶5枚，顶端小叶椭圆形，近花莛处3枚小叶完整；花朵高芯翘角杯状形；花径9～12cm，花瓣数95～100枚，白色，RHS 155C；有香味；雄蕊花浅黄色；切枝长度60～70cm，切花产量14～16枝/（株·年），瓶插期10～15天。
'白云石'与近似品种比较的主要不同点如下表。

| 性状 | '白云石' | '保丽乐'（Bolero） |
|------|----------|-------------------|
| 花瓣数量 | 95～100枚 | 55～60枚 |
| 花型 | 高芯翘角杯状 | 卷边杯状 |

# 秦淮仙女

（蔷薇属）

联系人：汪有良
联系方式：025-52745600-8203  国家：中国

申请日：2012年7月12日
申请号：20120126
品种权号：20140167
授权日：2014年12月9日
授权公告号：国家林业局公告
（2014年第16号）
授权公告日：2014年12月17日
品种权人：江苏省林业科学研究院
培育人：汪有良、黄立斌、蒋泽平

**品种特征特性：**'秦淮仙女'是用母本'M039'、父本'香粉蝶'杂交选育而成。植株长势中等，株型直立，分枝角小于45°，株高及株幅35cm；枝干小直刺少；顶端小叶卵形，细锯齿，无光泽，边缘无波形，基部圆形，叶尖渐尖，叶片横切面平；复叶主脉背面有刺；嫩枝近无色；花盘状，俯视为圆形，粉红色，花香中等至强，花径5.5cm，花瓣约18枚，花瓣圆形无缺刻，花瓣无波形、不反卷或反卷弱，花瓣内外侧基部均有小淡黄色斑；高抗白粉病，易于扦插繁殖。'秦淮仙女'与近似品种比较的主要不同点如下表。

| 性状 | '秦淮仙女' | 'M039' |
|---|---|---|
| 花瓣数 | 18枚左右 | 50枚以上 |
| 花香 | 中等至强香 | 无 |
| 小叶长（cm） | 4 | 2.5 |

# 奥斯罗芙缇 (Auslofty)

（蔷薇属）

联系人：罗斯玛丽·威尔柯克斯
联系方式：+44-1902-376319　国家：英国

申请日：2012年3月31日
申请号：20120039
品种权号：20140168
授权日：2014年12月9日
授权公告号：国家林业局公告
（2014年第16号）
授权公告日：2014年12月17日
品种权人：大卫奥斯汀月季公司
（David Austin Roses Limited）
培育人：大卫·奥斯汀（David
Austin）

**品种特征特性：**'奥斯罗芙缇'（Auslofty）是以未知品种的花坛月季为亲本进行杂交选育而成。'奥斯罗芙缇'为灌木，植株高度中等；茎有皮刺，数量少；叶片中至大，上表皮光泽中至强，小叶片叶缘波状曲线弱；有开花侧枝，数量中等；花朵直径中至大，重瓣，花瓣数量极多，花色组为黄色，花朵中部为橙色。'奥斯罗芙缇'与近似品种比较的主要不同点如下表。

| 性状 | '奥斯罗芙缇'（Auslofty） | '奥斯温特'（Auswinter） |
|---|---|---|
| 嫩枝颜色 | 花青素着色较浅，红棕色 | 花青素着色较深，紫红色 |
| 花色组 | 黄色 | 杏混色 |
| 花瓣数量 | 较少，约90片 | 较多，约120片 |

# 蝴蝶泉

（蔷薇属）

联系人：俞红强

联系方式：13601081479　国家：中国

申请日：2013年6月19日
申请号：20130071
品种权号：20140169
授权日：2014年12月9日
授权公告号：国家林业局公告
（2014年第16号）
授权公告日：2014年12月17日
品种权人：中国农业大学
培育人：俞红强、游捷、刘青林

**品种特征特性**：'蝴蝶泉'为矮丛型月季，植株直立生长，嫩枝无花青素着色，枝条具弯刺；叶片长度为12.0cm，叶片宽度为8.7cm，第一次开花时，叶片颜色为RHS147A，上表面光泽强；顶端小叶基部形状为圆形、叶尖形状为渐尖；花色为黄混合系，花型为半重瓣，平均花瓣数量为14枚，花径大，为7.9cm；香气弱；俯视花朵为圆形；花萼伸展为无或极弱；花瓣大小为4.0cm×3.1cm，花瓣初开时里面颜色主色为RHS 12A，边缘颜色为RHS 50A，花朵完全开放时，花瓣里面中部颜色为RHS 6A，边缘颜色为RHS 55A，花瓣外面中部颜色为RHS 7D，边缘颜色为RHS 52B；花朵开放后期花瓣里面主色为RHS 57A，外面主色为RHS 56D；外部雄蕊花丝为黄色；2013年初花时间为5月中下旬，开花习性为连续开花。'蝴蝶泉'与近似品种比较的主要不同点如下表。

| 性状 | '蝴蝶泉' | '金玛丽' |
|---|---|---|
| 叶片上表面光泽 | 强 | 中到强 |
| 花朵完全开放时花瓣里面颜色 | 中部颜色为RHS 6A，边缘颜色为RHS 55A | 主色为RHS 9A |
| 花朵完全开放时花瓣外面主色 | 中部颜色为RHS 7D，边缘颜色为RHS 52B | 主色为RHS 7A |

# 附 表

| 序号 | 品种权号 | 品种名称 | 所属属种 | 品种权人 | 培育人 | 申请号 | 申请日 | 授权日 |
|---|---|---|---|---|---|---|---|---|
| 1 | 20140001 | 红五月 | 蔷薇属 | 北京市园林科学研究所 | 巢阳、勇伟 | 20120018 | 2012-2-10 | 2014-6-27 |
| 2 | 20140002 | 小鱼鳞云 | 蔷薇属 | 昆明杨月季园艺有限责任公司 | 张启翔、杨玉勇、蔡能、潘会堂、罗乐、赖显凤 | 20120092 | 2012-6-14 | 2014-6-27 |
| 3 | 20140003 | 乡恋 | 蔷薇属 | 昆明锦苑花卉产业股份有限公司 | 孙立忠、曹荣根、李飞鹏、倪功 | 20090067 | 2009-12-26 | 2014-6-27 |
| 4 | 20140004 | 勒斯布鲁斯（Lextebros） | 蔷薇属 | 莱克斯月季公司（Lex+ B.V.） | 亚历山大·福伦（Alexander Jozef Voorn） | 20100085 | 2010-12-3 | 2014-6-27 |
| 5 | 20140005 | 闪亮一品红 | 大戟属 | 东莞市农业种子研究所 | 黄子锋、王燕君、周厚高、王凤兰、赖永超、邓海涛 | 20110095 | 2011-8-18 | 2014-6-27 |
| 6 | 20140006 | 奥斯芭热（Ausbrother） | 蔷薇属 | 大卫奥斯汀月季公司（David Austin Roses Limited） | 大卫·奥斯汀（David Austin） | 20110026 | 2011-5-11 | 2014-6-27 |
| 7 | 20140007 | 奥斯伦巴（Ausrumba） | 蔷薇属 | 大卫奥斯汀月季公司（David Austin Roses Limited） | 大卫·奥斯汀（David Austin） | 20110027 | 2011-5-11 | 2014-6-27 |
| 8 | 20140008 | 奥斯迪考茹（Ausdecorum） | 蔷薇属 | 大卫奥斯汀月季公司（David Austin Roses Limited） | 大卫·奥斯汀（David Austin） | 20110120 | 2011-11-6 | 2014-6-27 |
| 9 | 20140009 | 奥斯伯纳德（Ausbernard） | 蔷薇属 | 大卫奥斯汀月季公司（David Austin Roses Limited） | 大卫·奥斯汀（David Austin） | 20120037 | 2012-3-31 | 2014-6-27 |
| 10 | 20140010 | 奥斯波芮兹（Ausbreeze） | 蔷薇属 | 大卫奥斯汀月季公司（David Austin Roses Limited） | 大卫·奥斯汀（David Austin） | 20120038 | 2012-3-31 | 2014-6-27 |
| 11 | 20140011 | 奥斯莫曲特（Ausmerchant） | 蔷薇属 | 大卫奥斯汀月季公司（David Austin Roses Limited） | 大卫·奥斯汀（David Austin） | 20120040 | 2012-3-31 | 2014-6-27 |
| 12 | 20140012 | 奥斯微微德（Ausvivid） | 蔷薇属 | 大卫奥斯汀月季公司（David Austin Roses Limited） | 大卫·奥斯汀（David Austin） | 20120045 | 2012-3-31 | 2014-6-27 |
| 13 | 20140013 | 粉嘟嘟 | 蔷薇属 | 云南云科花卉有限公司、云南省农业科学院花卉研究所 | 邱显钦、王其刚、蹇洪英、张颖、周宁宁、唐开学 | 20110117 | 2011-10-28 | 2014-6-27 |
| 14 | 20140014 | 胭脂扣 | 蔷薇属 | 云南省农业科学院花卉研究所 | 李树发、王其刚、张婷、邱显钦、晏慧君、蹇洪英、张颖、唐开学、王继华 | 20100084 | 2010-11-25 | 2014-6-27 |
| 15 | 20140015 | 红莲舞 | 蔷薇属 | 北京林业大学、国家花卉工程技术研究中心 | 张启翔、罗乐、于超、王蕴红、白锦荣、程堂仁、潘会堂 | 20110112 | 2011-10-26 | 2014-6-27 |
| 16 | 20140016 | 天山霞光 | 蔷薇属 | 伊犁师范学院奎屯校区、北京市辐射中心、奎屯鸿森农林科技有限责任公司 | 郭润华、隋云吉、杨逢玉、杨帆、郑玉彬、何磊、刘芳、杨坤、白锦荣、尚宏忠、张启翔、罗乐、程堂仁 | 20120025 | 2012-3-12 | 2014-6-27 |
| 17 | 20140017 | 奥斯瑞米妮（Ausrimini） | 蔷薇属 | 大卫奥斯汀月季公司（David Austin Roses Limited） | 大卫·奥斯汀（David Austin） | 20120042 | 2012-3-31 | 2014-6-27 |
| 18 | 20140018 | 奥斯薇布兰（Ausvibrant） | 蔷薇属 | 大卫奥斯汀月季公司（David Austin Roses Limited） | 大卫·奥斯汀（David Austin） | 20120044 | 2012-3-31 | 2014-6-27 |
| 19 | 20140019 | 江淮1号杨 | 杨属 | 中国林业科学研究院林业研究所 | 苏晓华、于一苏、黄秦军、赵自成、吴中能、苏雪辉、刘俊龙、丁昌俊 | 20130044 | 2013-4-25 | 2014-6-27 |
| 20 | 20140020 | 花冠贞 | 女贞属 | 潘常智 | 潘常智 | 20130048 | 2013-5-5 | 2014-6-27 |

| 序号 | 品种权号 | 品种名称 | 所属属种 | 品种权人 | 培育人 | 申请号 | 申请日 | 授权日 |
|---|---|---|---|---|---|---|---|---|
| 21 | 20140021 | 金冠贞 | 女贞属 | 潘常智 | 潘常智 | 20130050 | 2013-5-5 | 2014-6-27 |
| 22 | 20140022 | 东岳红霞 | 槭属 | 泰安市泰山林业科学研究院、泰安时代园林科技开发有限公司 | 王长宪、孙忠奎、张林、张兴、张安琪、王厚新、王峰、李承秀、杜辉、王富金 | 20120216 | 2012-12-5 | 2014-6-27 |
| 23 | 20140023 | 东岳紫霞 | 槭属 | 泰安市泰山林业科学研究院、泰安时代园林科技开发有限公司 | 张林、孙忠奎、颜卫东、李宾、王郑昊、王长宪、王厚新、王峰、李承秀、孔繁伟 | 20120217 | 2012-12-5 | 2014-6-27 |
| 24 | 20140024 | 东岳彩霞 | 槭属 | 泰安市泰山林业科学研究院 | 王厚新、陈荣伟、李宾、王波、颜迎、张林、王峰、李承秀、孙忠奎、于永畅 | 20120218 | 2012-12-5 | 2014-6-27 |
| 25 | 20140025 | 中峰密枝 | 卫矛属 | 杜林峰 | 杜林峰 | 20130008 | 2013-2-4 | 2014-6-27 |
| 26 | 20140026 | 中峰美姿 | 卫矛属 | 杜林峰 | 杜林峰 | 20130009 | 2013-2-4 | 2014-6-27 |
| 27 | 20140027 | 中峰长绿 | 卫矛属 | 杜林峰 | 杜林峰 | 20130010 | 2013-2-4 | 2014-6-27 |
| 28 | 20140028 | 鲁柽1号 | 柽柳属 | 山东省林业科学研究院、东营林丰生物科技有限公司、山东霖昌园林绿化工程有限公司 | 王振猛、杨庆山、杨志良、郑爱民、刘桂民、李永涛、刘德玺、郭林春 | 20130120 | 2013-8-15 | 2014-6-27 |
| 29 | 20140029 | 鲁柽3号 | 柽柳属 | 山东省林业科学研究院、东营林丰生物科技有限公司、山东霖昌园林绿化工程有限公司 | 刘德玺、王振猛、杨庆山、魏海霞、刘桂民、周健、李永涛、王霞、杨志良、郑爱民 | 20130121 | 2013-8-15 | 2014-6-27 |
| 30 | 20140030 | 盐松1号 | 柽柳属 | 山东三益园林绿化有限公司 | 吕文泉、李献礼、王振猛、杨庆山、魏海霞、刘桂民、王霞 | 20130122 | 2013-8-15 | 2014-6-27 |
| 31 | 20140031 | 盐松2号 | 柽柳属 | 山东三益园林绿化有限公司 | 李献礼、吕文泉、魏海霞、王振猛、杨庆山、周健、李永涛、王霞 | 20130123 | 2013-8-15 | 2014-6-27 |
| 32 | 20140032 | 新桉3号 | 桉属 | 国家林业局桉树研究开发中心 | 谢耀坚、罗建中、卢万鸿、林彦、高丽琼 | 20130124 | 2013-8-15 | 2014-6-27 |
| 33 | 20140033 | 新桉4号 | 桉属 | 国家林业局桉树研究开发中心 | 谢耀坚、罗建中、卢万鸿、林彦、高丽琼 | 20130125 | 2013-8-15 | 2014-6-27 |
| 34 | 20140034 | 新桉5号 | 桉属 | 国家林业局桉树研究开发中心 | 罗建中、谢耀坚、卢万鸿、林彦、高丽琼 | 20130126 | 2013-8-15 | 2014-6-27 |
| 35 | 20140035 | 新桉6号 | 桉属 | 国家林业局桉树研究开发中心 | 罗建中、谢耀坚、卢万鸿、林彦、高丽琼 | 20130127 | 2013-8-15 | 2014-6-27 |
| 36 | 20140036 | 金陵红 | 槭属 | 江苏省农业科学院 | 李淑顺、李倩中、荣立苹、唐玲 | 20130056 | 2013-5-7 | 2014-6-27 |
| 37 | 20140037 | 冬北红 | 石楠属 | 泰安市泰山林业科学研究院 | 刘静、王迎、王斌、冯殿齐、黄艳艳、罗磊、宋承东、孔令刚、张虹、孔凡伟 | 20130087 | 2013-7-4 | 2014-6-27 |
| 38 | 20140038 | 奋勇 | 山茶属 | 云南远益园林工程有限公司 | 李奋勇、刘国强、皮秋霞 | 20100079 | 2010-11-10 | 2014-6-27 |
| 39 | 20140039 | 粉溢 | 山茶属 | 云南远益园林工程有限公司、云南省特色木本花卉工程技术研究中心 | 李奋勇、刘国强、皮秋霞 | 20120138 | 2012-8-17 | 2014-6-27 |
| 40 | 20140040 | 紫玉云祥 | 山茶属 | 云南远益园林工程有限公司、云南省特色木本花卉工程技术研究中心 | 李奋勇、刘国强、皮秋霞 | 20120136 | 2012-8-17 | 2014-6-27 |
| 41 | 20140041 | 紫玉云霞 | 山茶属 | 云南远益园林工程有限公司、云南省特色木本花卉工程技术研究中心 | 李奋勇、刘国强、皮秋霞 | 20120137 | 2012-8-17 | 2014-6-27 |

| 序号 | 品种权号 | 品种名称 | 所属属种 | 品种权人 | 培育人 | 申请号 | 申请日 | 授权日 |
|---|---|---|---|---|---|---|---|---|
| 42 | 20140042 | 娇菊 | 木兰属 | 北京林业大学、三峡大学、五峰博翎红花玉兰科技发展有限公司 | 马履一、王罗荣、桑子阳、陈发菊、贾忠奎、贺随超、王希群、朱仲龙 | 20120211 | 2012-12-3 | 2014-6-27 |
| 43 | 20140043 | 娇姿 | 木兰属 | 北京林业大学、三峡大学、五峰博翎红花玉兰科技发展有限公司 | 马履一、杨杨、王罗荣、桑子阳、陈发菊、贾忠奎、贺随超、王希群、朱仲龙 | 20120212 | 2012-12-3 | 2014-6-27 |
| 44 | 20140044 | 娇艳 | 木兰属 | 北京林业大学、三峡大学、五峰博翎红花玉兰科技发展有限公司 | 马履一、王罗荣、桑子阳、陈发菊、贾忠奎、贺随超、王希群、朱仲龙 | 20120213 | 2012-12-3 | 2014-6-27 |
| 45 | 20140045 | 花好月圆 | 含笑属 | 中国林业科学研究院亚热带林业研究所、韩东坤 | 刘军、韩东坤、姜景民 | 20130032 | 2013-4-2 | 2014-6-27 |
| 46 | 20140046 | 玉壶含笑 | 含笑属 | 中国科学院华南植物园 | 杨科明、陈新兰、韦强、廖景平 | 20130045 | 2013-4-26 | 2014-6-27 |
| 47 | 20140047 | 甜甜 | 含笑属 | 棕榈园林股份有限公司、深圳市仙湖植物园管理处 | 王亚玲、张寿洲、杨建芬、刘坤良、赵强民、赵珊珊、王晶、宋晓薇、吴建军 | 20130021 | 2013-3-5 | 2014-6-27 |
| 48 | 20140048 | 转转 | 含笑属 | 棕榈园林股份有限公司、深圳市仙湖植物园管理处 | 王亚玲、张寿洲、杨建芬、刘坤良、赵强民、赵珊珊、王晶、宋晓薇、吴建军 | 20130058 | 2013-5-13 | 2014-6-27 |
| 49 | 20140049 | 四季春1号 | 紫荆属 | 河南四季春园林艺术工程有限公司 | 张林 | 20130027 | 2013-4-1 | 2014-6-27 |
| 50 | 20140050 | 娇红2号 | 木兰属 | 北京林业大学、三峡大学、五峰博翎红花玉兰科技发展有限公司 | 马履一、桑子阳、陈发菊、王罗荣、贾忠奎、贺随超、王希群、陈文章 | 20120210 | 2012-12-3 | 2014-6-27 |
| 51 | 20140051 | 墨红刘海 | 山茶属 | 上海植物园 | 费建国、胡永红、张亚利、刘炤 | 20100055 | 2010-8-23 | 2014-6-27 |
| 52 | 20140052 | 墨玉鳞 | 山茶属 | 上海植物园 | 费建国、胡永红、张亚利、刘炤 | 20100056 | 2010-8-23 | 2014-6-27 |
| 53 | 20140053 | 金钰 | 枫香属 | 宁波市林业局林特种苗繁育中心 | 王建军、章建红、严春风、周和锋、王爱军、袁冬明、张波 | 20130042 | 2013-4-23 | 2014-6-27 |
| 54 | 20140054 | 御黄 | 樟属 | 宁波市林业局林特种苗繁育中心 | 王建军、黄华宏、王爱军、周和锋、张波、李修鹏 | 20130043 | 2013-4-23 | 2014-6-27 |
| 55 | 20140055 | 梦缘 | 含笑属 | 中国林业科学研究院亚热带林业研究所 | 邵文豪、姜景民、董汝湘、谭梓峰、刘昭息 | 20130012 | 2013-2-4 | 2014-6-27 |
| 56 | 20140056 | 梦星 | 含笑属 | 中国林业科学研究院亚热带林业研究所 | 邵文豪、姜景民、董汝湘、谭梓峰、刘昭息 | 20130013 | 2013-2-4 | 2014-6-27 |
| 57 | 20140057 | 梦紫 | 含笑属 | 中国林业科学研究院亚热带林业研究所 | 姜景民、邵文豪、董汝湘、谭梓峰、刘昭息 | 20130014 | 2013-2-4 | 2014-6-27 |
| 58 | 20140058 | 森禾红丽 | 拟单性木兰属 | 浙江森禾种业股份有限公司 | 郑勇平 | 20120147 | 2012-9-25 | 2014-6-27 |
| 59 | 20140059 | 替码明珠 | 板栗 | 河北省农林科学院昌黎果树研究所 | 王广鹏、孔德军、刘庆香、张树航、王红梅、李海山 | 20130053 | 2013-5-7 | 2014-6-27 |
| 60 | 20140060 | 京华旭日 | 芍药属 | 北京林业大学 | 成仿云、钟原、杜秀娟、高静、曹曦君 | 20120176 | 2012-11-20 | 2014-6-27 |
| 61 | 20140061 | 京俊美 | 芍药属 | 北京林业大学 | 成仿云、刘玉英、王荣、钟原、王越岚 | 20120180 | 2012-11-20 | 2014-6-27 |
| 62 | 20140062 | 京华朝霞 | 芍药属 | 北京林业大学 | 成仿云、钟原、曹曦君、王莹 | 20120179 | 2012-11-20 | 2014-6-27 |

| 序号 | 品种权号 | 品种名称 | 所属属种 | 品种权人 | 培育人 | 申请号 | 申请日 | 授权日 |
|---|---|---|---|---|---|---|---|---|
| 63 | 20140063 | 京桂美 | 芍药属 | 北京林业大学 | 成仿云、何桂梅、钟原、高静 | 20120181 | 2012-11-20 | 2014-6-27 |
| 64 | 20140064 | 京蕊黄 | 芍药属 | 北京林业大学 | 成仿云、高静、钟原、刘玉英 | 20120182 | 2012-11-20 | 2014-6-27 |
| 65 | 20140065 | 京华墨冠 | 芍药属 | 北京国色牡丹科技有限公司、北京林业大学 | 成信云、成仿云 | 20120184 | 2012-11-20 | 2014-6-27 |
| 66 | 20140066 | 京华晴雪 | 芍药属 | 北京林业大学、北京国色牡丹科技有限公司 | 成仿云、成信云、袁军辉、陶熙文 | 20120185 | 2012-11-20 | 2014-6-27 |
| 67 | 20140067 | 京龙望月 | 芍药属 | 北京国色牡丹科技有限公司、北京林业大学 | 成信云、成仿云、陶熙文、钟原 | 20120186 | 2012-11-20 | 2014-6-27 |
| 68 | 20140068 | 京墨洒金 | 芍药属 | 北京林业大学、北京国色牡丹科技有限公司 | 成仿云、成信云、陶熙文、钟原 | 20120187 | 2012-11-20 | 2014-6-27 |
| 69 | 20140069 | 京雪飞虹 | 芍药属 | 北京林业大学、北京国色牡丹科技有限公司 | 成仿云、钟原、成信云、于海萍 | 20120188 | 2012-11-20 | 2014-6-27 |
| 70 | 20140070 | 京玉美 | 芍药属 | 北京林业大学、北京国色牡丹科技有限公司 | 钟原、成仿云、陶熙文、张栋 | 20120189 | 2012-11-20 | 2014-6-27 |
| 71 | 20140071 | 京玉天成 | 芍药属 | 北京林业大学、北京国色牡丹科技有限公司 | 成仿云、钟原、成信云、张栋 | 20120190 | 2012-11-20 | 2014-6-27 |
| 72 | 20140072 | 京云冠 | 芍药属 | 北京国色牡丹科技有限公司、北京林业大学 | 成信云、成仿云 | 20120191 | 2012-11-20 | 2014-6-27 |
| 73 | 20140073 | 京云香 | 芍药属 | 北京林业大学、北京国色牡丹科技有限公司 | 成信云、成仿云 | 20120192 | 2012-11-20 | 2014-6-27 |
| 74 | 20140074 | 京韵玫 | 芍药属 | 北京林业大学、北京国色牡丹科技有限公司 | 成信云、成仿云 | 20120193 | 2012-11-20 | 2014-6-27 |
| 75 | 20140075 | 京紫知心 | 芍药属 | 北京林业大学、北京国色牡丹科技有限公司 | 成仿云、钟原、成信云、高平 | 20120194 | 2012-11-20 | 2014-6-27 |
| 76 | 20140076 | 京醉美 | 芍药属 | 北京国色牡丹科技有限公司、北京林业大学 | 成信云、成仿云 | 20120195 | 2012-11-20 | 2014-6-27 |
| 77 | 20140077 | 小香妃 | 芍药属 | 北京林业大学、北京东方园林股份有限公司 | 袁涛、王莲英、石颜通、李清道、王福、马钧 | 20130082 | 2013-7-3 | 2014-6-27 |
| 78 | 20140078 | 蕉香 | 芍药属 | 北京东方园林股份有限公司、北京林业大学 | 王莲英、袁涛、王福、李清道、马钧、石颜通 | 20130083 | 2013-7-3 | 2014-6-27 |
| 79 | 20140079 | 山川飘香 | 芍药属 | 北京东方园林股份有限公司、北京林业大学 | 王莲英、袁涛、石颜通、李清道、王福、马钧 | 20130084 | 2013-7-3 | 2014-6-27 |
| 80 | 20140080 | 大彩蝶 | 芍药属 | 北京东方园林股份有限公司、北京林业大学 | 王莲英、石颜通、王福、李清道、袁涛、马钧、谭德远 | 20130085 | 2013-7-3 | 2014-6-27 |
| 81 | 20140081 | 金衣漫舞 | 芍药属 | 北京东方园林股份有限公司、北京林业大学 | 王莲英、李清道、袁涛、王福、马钧、石颜通、谭德远 | 20130086 | 2013-7-3 | 2014-6-27 |
| 82 | 20140082 | 森淼红缨 | 李属 | 宁夏森淼种业生物工程有限公司 | 沈效东、白永强、李德亮、于卫平、朱强、杜宝山、王君、赵健、徐小潮、李永华、徐美隆 | 20130046 | 2013-5-3 | 2014-6-27 |

| 序号 | 品种权号 | 品种名称 | 所属属种 | 品种权人 | 培育人 | 申请号 | 申请日 | 授权日 |
|------|----------|----------|----------|----------|--------|--------|--------|--------|
| 83 | 20140083 | 森淼文冠果1号 | 文冠果 | 宁夏森淼种业生物工程有限公司 | 王娅丽、沈效东、李永华、王钰、南雄雄、李彬彬、田英、陈春伶、秦彬彬、王丽 | 20130128 | 2013-8-16 | 2014-6-27 |
| 84 | 20140084 | 瑞雪1号 | 山茶属 | 宁波黄金韵茶业科技有限公司、浙江大学 | 王开荣、梁月荣、张龙杰、李明、邓隆、韩震、王荣芬、郑新强、吴颖、王盛彬 | 20130159 | 2013-11-10 | 2014-6-27 |
| 85 | 20140085 | 醉金红 | 山茶属 | 宁波黄金韵茶业科技有限公司、浙江大学 | 张龙杰、王开荣、梁月荣、韩震、吴颖、王盛彬、邓隆、李明、王荣芬、郑新强 | 20130160 | 2013-11-10 | 2014-6-27 |
| 86 | 20140086 | 黄金甲 | 山茶属 | 宁波黄金韵茶业科技有限公司、浙江大学 | 王开荣、梁月荣、张龙杰、吴颖、李明、邓隆、王盛彬、韩震、王荣芬、郑新强 | 20130161 | 2013-11-10 | 2014-6-27 |
| 87 | 20140087 | 金添玉 | 刚竹属 | 国际竹藤中心、扬州大禹风景竹园、安吉县竹产业协会 | 郭起荣、禹在定、禹迎春、冯云、张培新、张宏亮、陈贤喜 | 20130081 | 2013-12-15 | 2014-6-27 |
| 88 | 20140088 | 陕茶1号 | 山茶属 | 安康市汉水韵茶业有限公司 | 王衍成、余有本、纪昌中、吴世明、李华海、张星显 | 20130174 | 2013-12-15 | 2014-6-27 |
| 89 | 20140089 | 魁金 | 杏 | 山东省果树研究所 | 王金政、石荫坪、王强生、薛晓敏、安国宁 | 20130018 | 2013-1-15 | 2014-6-27 |
| 90 | 20140090 | 金凯特 | 杏 | 山东省果树研究所 | 王金政、薛晓敏、安国宁、张安宁、路超、郭长利 | 20130017 | 2013-1-15 | 2014-6-27 |
| 91 | 20140091 | 福禄紫枫 | 枫香属 | 德兴市荣兴苗木有限责任公司 | 方腾、周卫荣、王喜 | 20130072 | 2013-6-19 | 2014-6-27 |
| 92 | 20140092 | 修机柏 | 圆柏属 | 周修机 | 周修机 | 20130052 | 2013-5-7 | 2014-6-27 |
| 93 | 20140093 | 明丰2号 | 板栗 | 河北省农林科学院昌黎果树研究所 | 王广鹏、刘庆香、张树航、李颖、孔德军、李海山 | 20130078 | 2013-6-25 | 2014-6-27 |
| 94 | 20140094 | 南垂5号 | 板栗 | 河北省农林科学院昌黎果树研究所 | 王广鹏、刘庆香、张树航、李颖、孔德军、李海山 | 20130080 | 2013-6-25 | 2014-6-27 |
| 95 | 20140095 | 金玉桂花 | 桂花 | 李长攸 | 李长攸、张春艳、张振田 | 20130158 | 2013-11-4 | 2014-6-27 |
| 96 | 20140096 | 锦业楝 | 楝属 | 范军科 | 范军科、张巧莲、邢占兵、李红伟、王文军、刘全信 | 20130033 | 2013-4-7 | 2014-12-9 |
| 97 | 20140097 | 心愿 | 野牡丹属 | 广州市园林科学研究所 | 代色平、阮琳、王伟、贺漫媚、张继方、刘慧、刘文 | 20130054 | 2013-5-6 | 2014-12-9 |
| 98 | 20140098 | 锦烨朴 | 朴属 | 范军科 | 范军科、李桂芝、薛景、曲俊鹏 | 20130065 | 2013-11-25 | 2014-12-9 |
| 99 | 20140099 | 锦晔榉 | 榉属 | 范军科 | 范军科、马元旭、倪黎、鲁亚非 | 20130064 | 2013-11-25 | 2014-12-9 |
| 100 | 20140100 | 朱羽合欢 | 合欢属 | 遂平名品花木园林有限公司 | 王华明、袁向阳、孟献旗、王华昭、田耀华 | 20130076 | 2013-6-21 | 2014-12-9 |
| 101 | 20140101 | 玉蝶常山 | 大青属 | 遂平名品花木园林有限公司 | 王华明、邵红琼、李红喜、周荣霞、王玉、陈新会、王利民、朱志发、关秋芝 | 20130129 | 2013-11-25 | 2014-12-9 |
| 102 | 20140102 | 天骄 | 野牡丹属 | 广州市园林科学研究所 | 代色平、王伟、阮琳、贺漫媚、张继方、刘慧、刘文 | 20130055 | 2013-5-6 | 2014-12-9 |

| 序号 | 品种权号 | 品种名称 | 所属属种 | 品种权人 | 培育人 | 申请号 | 申请日 | 授权日 |
|---|---|---|---|---|---|---|---|---|
| 103 | 20140103 | 闽平2号 | 木麻黄属 | 福建省林业科学研究院 | 黄金水、柯玉铸、陈端钦 | 20130149 | 2013-10-2 | 2014-12-9 |
| 104 | 20140104 | 木麻黄粤501 | 木麻黄属 | 福建省林业科学研究院、华南农业大学 | 柯玉铸、黄金水、陈端钦、孙思、王军、蔡守平 | 20130150 | 2013-10-2 | 2014-12-9 |
| 105 | 20140105 | 金幌 | 紫薇属 | 江苏省中国科学院植物研究所 | 李亚、汪庆、杨如同、王鹏、李林芳、耿蕾、姚淦 | 20130145 | 2013-9-25 | 2014-12-9 |
| 106 | 20140106 | 中山杉9号 | 落羽杉属 | 江苏省中国科学院植物研究所 | 陆小清、陈永辉、李乃伟、李云龙、王传永 | 20130090 | 2013-7-14 | 2014-12-9 |
| 107 | 20140107 | 宁农杞1号 | 枸杞属 | 国家枸杞工程技术研究中心 | 秦垦、焦恩宁、戴国礼、曹有龙、石志刚、周旋、何军、李彦龙、李云翔、闫亚美、黄婷、张波 | 20140014 | 2014-1-10 | 2014-12-9 |
| 108 | 20140108 | 宁农杞2号 | 枸杞属 | 国家枸杞工程技术研究中心 | 秦垦、焦恩宁、戴国礼、曹有龙、石志刚、周旋、何军、李彦龙、李云翔、闫亚美、黄婷、张波 | 20140015 | 2014-1-10 | 2014-12-9 |
| 109 | 20140109 | 御汤香妃 | 紫薇属 | 北京林业大学 | 张启翔、潘会堂、蔡明、刘阳、贺丹、徐婉、王佳、程堂仁 | 20120024 | 2008-2-29 | 2014-12-9 |
| 110 | 20140110 | 中大一号红豆杉 | 红豆杉属 | 梅州市中大南药发展有限公司 | 李志良、杨中艺、黄巧明、古练权、李贵华、汤朝阳、何春桃、何伟强 | 20080014 | 2008-2-29 | 2014-12-9 |
| 111 | 20140111 | 东岳佳人 | 槭属 | 泰安市泰山林业科学研究院、泰安时代园林科技开发有限公司 | 王峰、张兴、张安琪、王波、王长宪、张林、颜卫东、孙忠奎、仲风维、牛田 | 20120214 | 2012-12-5 | 2014-12-9 |
| 112 | 20140112 | 恨天高 | 榉属 | 中南林业科技大学 | 金晓玲、胡希军、吕国梁、曹基武、何平、刘雪梅、汪晓丽 | 20130169 | 2013-12-11 | 2014-12-9 |
| 113 | 20140113 | 红星 | 大青属 | 山东农业大学、山东万路达园林科技有限公司 | 王华田、王延平、张帆、刘丽娟、尹彦龙、公魏明 | 20130147 | 2013-9-29 | 2014-12-9 |
| 114 | 20140114 | 绢绒 | 大青属 | 山东农业大学、山东万路达园林科技有限公司 | 王华田、王延平、张帆、刘丽娟、尹彦龙、公魏明 | 20130148 | 2013-9-29 | 2014-12-9 |
| 115 | 20140115 | 洛楸1号 | 梓树属 | 中国林业科学研究院林业研究所、洛阳农林科学院 | 张守攻、王军辉、赵鲲、焦云德、张建祥 | 20140002 | 2013-12-30 | 2014-12-9 |
| 116 | 20140116 | 洛楸2号 | 梓树属 | 洛阳农林科学院、中国林业科学研究院林业研究所 | 赵鲲、王军辉、张守攻、焦云德、陈新宇 | 20140003 | 2013-12-30 | 2014-12-9 |
| 117 | 20140117 | 洛楸3号 | 梓树属 | 中国林业科学研究院林业研究所、洛阳农林科学院 | 王军辉、张守攻、赵鲲、焦云德、麻文俊 | 20140004 | 2013-12-30 | 2014-12-9 |
| 118 | 20140118 | 洛楸4号 | 梓树属 | 洛阳农林科学院、中国林业科学研究院林业研究所 | 赵鲲、王军辉、张守攻、焦云德、麻文俊 | 20140005 | 2013-12-30 | 2014-12-9 |
| 119 | 20140119 | 洛楸5号 | 梓树属 | 中国林业科学研究院林业研究所、洛阳农林科学院 | 王军辉、张守攻、赵鲲、焦云德、麻文俊 | 20140006 | 2013-12-30 | 2014-12-9 |
| 120 | 20140120 | 鲁青 | 核桃属 | 山东省林业科学研究院、泰安市绿园经济林果树研究所 | 侯立群、王钧毅、韩传明、赵登超、张文越 | 20130060 | 2013-6-9 | 2014-12-9 |

| 序号 | 品种权号 | 品种名称 | 所属属种 | 品种权人 | 培育人 | 申请号 | 申请日 | 授权日 |
|---|---|---|---|---|---|---|---|---|
| 121 | 20140121 | 奥林 | 核桃属 | 山东省林业科学研究院、泰安市绿园经济林果树研究所 | 侯立群、王钧毅、韩传明、赵登超、张文越 | 20130061 | 2013-6-9 | 2014-12-9 |
| 122 | 20140122 | 渤海柳4号 | 柳属 | 滨州市一逸林业有限公司、山东省林业科学研究院、沧州市一逸柳树育种有限公司 | 刘德玺、焦传礼、王振猛、杨庆山、刘国兴、刘桂民、魏海霞、周健、郭树文、白云祥、杨欢 | 20140030 | 2014-2-17 | 2014-12-9 |
| 123 | 20140123 | 夏红 | 李属 | 江苏沿江地区农业科学研究所、南京林业大学 | 李玉娟、张健、高捍东、李敏、谈峰、王莹、陈惠、冒洪波 | 20140028 | 2014-2-11 | 2014-12-9 |
| 124 | 20140124 | 渤海柳6号 | 柳属 | 滨州市一逸林业有限公司、山东省林业科学研究院、沧州市一逸柳树育种有限公司 | 焦传礼、刘德玺、杨庆山、王振猛、李永涛、王霞、郭树文、焦世铭、杨光 | 20140032 | 2014-2-17 | 2014-12-9 |
| 125 | 20140125 | 渤海柳7号 | 柳属 | 山东省林业科学研究院、滨州市一逸林业有限公司、沧州市一逸柳树育种有限公司 | 焦传礼、刘德玺、党东雨、杨庆山、王振猛、周健、孟庆兴、白云祥、杨光 | 20140033 | 2014-2-17 | 2014-12-9 |
| 126 | 20140126 | 中峰银速 | 卫矛属 | 许昌县中峰园林有限公司 | 杜林峰 | 20140017 | 2014-1-14 | 2014-12-9 |
| 127 | 20140127 | 凤羽栾 | 栾树属 | 浙江滕头园林股份有限公司、中国林业科学研究院亚热带林业研究所 | 傅剑波、朱锡君、刘济祥、汪均平、刘军、姜景民 | 20130167 | 2013-11-28 | 2014-12-9 |
| 128 | 20140128 | 重阳紫荆 | 紫荆属 | 遂平名品花木园林有限公司 | 王华明、石海燕、张玉民、王三礼、王静、王艳丽、赵爱红、崔全福、卞建国、苏万祥、李本勇 | 20130075 | 2013-6-21 | 2014-12-9 |
| 129 | 20140129 | 海柳1号 | 柳属 | 江苏沿江地区农业科学研究所 | 张健、李敏、李玉娟、王莹、谈峰、丛小丽 | 20140029 | 2014-2-11 | 2014-12-9 |
| 130 | 20140130 | 山农果一 | 银杏 | 山东农业大学 | 邢世岩、李际红、曹福亮、苏明洲、樊记欣、皇甫桂月、侯九寰、王宗喜、高森、桑亚林 | 20140038 | 2013-9-2 | 2014-12-9 |
| 131 | 20140131 | 山农果二 | 银杏 | 山东农业大学 | 邢世岩、李际红、曹福亮、苏明洲、樊记欣、皇甫桂月、侯九寰、王宗喜、高森、桑亚林 | 20130039 | 2013-9-2 | 2014-12-9 |
| 132 | 20140132 | 山农果五 | 银杏 | 山东农业大学 | 邢世岩、李际红、曹福亮、苏明洲、樊记欣、皇甫桂月、侯九寰、王宗喜、高森、桑亚林 | 20130166 | 2013-11-27 | 2014-12-9 |
| 133 | 20140133 | 文柏 | 侧柏属 | 山东农业大学 | 邢世岩、王玉山、卢本荣、曲绪奎、李际红、马红 | 20130134 | 2013-9-2 | 2014-12-9 |
| 134 | 20140134 | 散柏 | 侧柏属 | 山东农业大学 | 邢世岩、王玉山、卢本荣、曲绪奎、李际红、马红 | 20130135 | 2013-9-2 | 2014-12-9 |
| 135 | 20140135 | 滨海翠 | 柽柳属 | 河北科技师范学院 | 杨俊明、刘振林、张国君、杨晴、曹书敏、代波、王子华、武小靖、董聚苗、林燕 | 20130168 | 2013-11-28 | 2014-12-9 |
| 136 | 20140136 | 嘉能1号 | 麻疯树 | 普罗米绿色能源（深圳）有限公司 | 车旭涛、白教育、田晶 | 20130094 | 2013-8-1 | 2014-12-9 |

| 序号 | 品种权号 | 品种名称 | 所属属种 | 品种权人 | 培育人 | 申请号 | 申请日 | 授权日 |
|---|---|---|---|---|---|---|---|---|
| 137 | 20140137 | 嘉能2号 | 麻疯树 | 普罗米绿色能源（深圳）有限公司 | 车旭涛、白教育、田晶 | 20130095 | 2013-8-1 | 2014-12-9 |
| 138 | 20140138 | 嘉能3号 | 麻疯树 | 普罗米绿色能源（深圳）有限公司 | 车旭涛、白教育、田晶 | 20130096 | 2013-8-1 | 2014-12-9 |
| 139 | 20140139 | 嘉桐1号 | 麻疯树 | 普罗米绿色能源（深圳）有限公司 | 车旭涛、白教育、田晶 | 20130097 | 2013-8-1 | 2014-12-9 |
| 140 | 20140140 | 嘉桐2号 | 麻疯树 | 普罗米绿色能源（深圳）有限公司 | 车旭涛、白教育、田晶 | 20130098 | 2013-8-1 | 2014-12-9 |
| 141 | 20140141 | 嘉优1号 | 麻疯树 | 普罗米绿色能源（深圳）有限公司 | 车旭涛、白教育、田晶 | 20130099 | 2013-8-1 | 2014-12-9 |
| 142 | 20140142 | 钟山红 | 槭属 | 江苏省农业科学院 | 唐玲、李倩中、李淑顺、荣立苹 | 20140024 | 2014-1-20 | 2014-12-9 |
| 143 | 20140143 | 绿洲御选一号 | 石榴属 | 杨凌稼禾绿洲农业科技有限公司 | 吴小刚 | 20130170 | 2013-12-12 | 2014-12-9 |
| 144 | 20140144 | 抱头槐 | 槐属 | 山东万路达园林科技有限公司 | 刘丽娟、公维明、张帆、孟艳艳、王建华 | 20140027 | 2014-2-8 | 2014-12-9 |
| 145 | 20140145 | 喜柳 | 柳属 | 中喜生态产业股份有限公司 | 张洪欣、张洪勋、孙成义、郭延海、李康 | 20140091 | 2014-6-16 | 2014-12-9 |
| 146 | 20140146 | 盘垂桂 | 木犀属 | 中喜生态产业股份有限公司 | 冯常柳 | 20130136 | 2013-7-29 | 2014-12-9 |
| 147 | 20140147 | 夏风热浪 | 山茶属 | 棕榈园林股份有限公司 | 刘坤良、刘信凯 | 20120164 | 2012-11-13 | 2014-12-9 |
| 148 | 20140148 | 夏日红绒 | 山茶属 | 棕榈园林股份有限公司 | 刘信凯、钟乃盛、冯桂梅 | 20120168 | 2012-11-13 | 2014-12-9 |
| 149 | 20140149 | 夏梦小旋 | 山茶属 | 棕榈园林股份有限公司 | 吴桂昌、高继银、吴晓旋 | 20120169 | 2012-11-13 | 2014-12-9 |
| 150 | 20140150 | 夏梦春陵 | 山茶属 | 棕榈园林股份有限公司 | 刘春陵、黄万坚、黄万建 | 20120170 | 2012-11-13 | 2014-12-9 |
| 151 | 20140151 | 夏梦玉兰 | 山茶属 | 棕榈园林股份有限公司 | 冯玉兰、骆海林、冯桂梅 | 20120173 | 2012-11-13 | 2014-12-9 |
| 152 | 20140152 | 火烧云 | 蔷薇属 | 昆明杨月季园艺有限责任公司 | 伙秀丽、杨玉勇、蔡能、赖显凤 | 20120089 | 2012-6-14 | 2014-12-9 |
| 153 | 20140153 | 天权星 | 蔷薇属 | 昆明杨月季园艺有限责任公司 | 赖显凤、杨玉勇、蔡能、伙秀丽 | 20120094 | 2012-6-14 | 2014-12-9 |
| 154 | 20140154 | 星星之火 | 蔷薇属 | 江苏省林业科学研究院 | 汪有良、黄立斌、蒋泽平 | 20120125 | 2012-7-12 | 2014-12-9 |
| 155 | 20140155 | 奥斯伯蕊尔（Ausprior） | 蔷薇属 | 大卫奥斯汀月季公司（David Austin Roses Limited） | 大卫·奥斯汀（David Austin） | 20120041 | 2012-3-31 | 2014-12-9 |
| 156 | 20140156 | 奥斯瑞蕾（Ausrelate） | 蔷薇属 | 大卫奥斯汀月季公司（David Austin Roses Limited） | 大卫·奥斯汀（David Austin） | 20120121 | 2011-11-6 | 2014-12-9 |
| 157 | 20140157 | 奥斯沃幽（Ausvolume） | 蔷薇属 | 大卫奥斯汀月季公司（David Austin Roses Limited） | 大卫·奥斯汀（David Austin） | 20110122 | 2011-11-6 | 2014-12-9 |
| 158 | 20140158 | 红盖头 | 蔷薇属 | 云南云科花卉有限公司、云南省农业科学院花卉研究所 | 晏慧君、李树发、塞洪英、张婷、李淑斌、唐开学 | 20110114 | 2011-10-28 | 2014-12-9 |
| 159 | 20140159 | 斯科丽（Scholie） | 蔷薇属 | 荷兰彼得西昌厄斯控股公司（Piet Schreurs Holding B.V.） | P.N.J. 西昌厄斯（Petrus Nicolaas Johannes SCHREURS） | 20120032 | 2012-3-27 | 2014-12-9 |
| 160 | 20140160 | 瑞格011（Ruimg011） | 蔷薇属 | 迪瑞特知识产权公司（De Ruiter Intellectual Property B.V.） | 汉克·德·格罗特（H.C.A. de Groot） | 20120005 | 2012-1-10 | 2014-12-9 |

| 序号 | 品种权号 | 品种名称 | 所属属种 | 品种权人 | 培育人 | 申请号 | 申请日 | 授权日 |
|------|---------|---------|---------|---------|--------|--------|--------|--------|
| 161 | 20140161 | 西吕40919（Sch40919） | 蔷薇属 | 荷兰彼得西吕厄斯控股公司（Piet Schreurs Holding B.V.） | P.N.J. 西吕厄斯（Petrus Nicolaas Johannes SCHREURS） | 20120054 | 2012-4-18 | 2014-12-9 |
| 162 | 20140162 | 锦云 | 蔷薇属 | 云南锦苑花卉产业股份有限公司 | 倪功、曹荣根、田连通、白云评、乔丽婷、阳明祥 | 20120205 | 2012-12-1 | 2014-12-9 |
| 163 | 20140163 | 都市丽人 | 蔷薇属 | 云南尚美嘉花卉有限公司、云南省农业科学院花卉研究所 | 晏慧君、王其刚、赵家清、唐开学、塞洪英、张婷、刘辉 | 20130002 | 2012-12-22 | 2014-12-9 |
| 164 | 20140164 | 奥斯罗芙（Ausrover） | 蔷薇属 | 大卫奥斯汀月季公司（David Austin Roses Limited） | 大卫·奥斯汀（David Austin） | 20120043 | 2012-3-31 | 2014-12-9 |
| 165 | 20140165 | 尼尔普米（Nirpmist） | 蔷薇属 | 意大利里维埃拉卢克斯公司（Lux Riviera S.R.L.） | 阿勒萨德·吉尔纳（Alessandro Ghione） | 20110016 | 2011-3-10 | 2014-12-9 |
| 166 | 20140166 | 白云石 | 蔷薇属 | 昆明杨月季园艺有限责任公司 | 张启翔、罗乐、程堂仁、杨玉勇、蔡能、余双明、白锦荣 | 20120085 | 2012-6-14 | 2014-12-9 |
| 167 | 20140167 | 秦淮仙女 | 蔷薇属 | 江苏省林业科学研究院 | 汪有良、黄立斌、蒋泽平 | 20120126 | 2012-7-12 | 2014-12-9 |
| 168 | 20140168 | 奥斯罗芙缇（Auslofty） | 蔷薇属 | 大卫奥斯汀月季公司（David Austin Roses Limited） | 大卫·奥斯汀（David Austin） | 20120039 | 2012-3-31 | 2014-12-9 |
| 169 | 20140169 | 蝴蝶泉 | 蔷薇属 | 中国农业大学 | 俞红强、游捷、刘青林 | 20130071 | 2013-6-19 | 2014-12-9 |

中国林业植物授权新品种
（1999－2009）

国家林业局植物新品种保护办公室
中国林业科学研究院林业科技信息研究所 编

中国林业出版社

中国林业植物授权新品种
（2010－2012）

国家林业局科技发展中心
（国家林业局植物新品种保护办公室） 编

中国林业出版社

中国林业植物授权新品种
（2012）

国家林业局科技发展中心
（国家林业局植物新品种保护办公室） 编

中国林业出版社

中国林业植物授权新品种
（2013）

国家林业局科技发展中心
（国家林业局植物新品种保护办公室） 编

中国林业出版社